# 裝潢格局

SPATIAL DESIGN GUIDE BOOK

# 基礎課

# CONTENTS

## Chapter 1 | 隔牆材質

# Q&A

# Chapter2 | 隔間形式

## Q&A

# Chapter3 | 動線設計

# Q&A

# 1

隔
牆
材
質

# 混凝土

concrete

攝影｜葉勇宏

## 堅固耐用的
## 建築基礎材料

　　一般人以為水泥就是混凝土，但其實兩者是完全不一樣的東西。水泥是一種灰色粉末，是混凝土的主要材料，與水混合時會形成糊狀物，會隨著時間的推移而變硬，將水泥與砂石、水等材料混合做攪拌之後的混合物，便是混凝土。

攝影｜葉勇宏

**適用建築類型：**
**磚造建築、RC 建築、**
**鋼骨建築、SRC 建築**

 **優點**
・耐久性、耐火性佳
・抗壓強度大
・耐熱、隔音效果佳

 **缺點**
・施工工序多且工期長
・品質控制不易
・自重較大

　　混凝土是一種使用在建築地基和結構的建築材料，這種材料受壓時雖然堅固，但受張力或扭力時卻很脆弱，容易破裂，因此在使用混凝土時，會搭配可承受極大張力的鋼筋來做使用，使它可抵受更大的張力。

　　一般建築結構常見有 RC（鋼筋混凝土）、SRC（鋼骨鋼筋混凝土）、SC（鋼骨），RC 建材為鋼筋及混凝土，適合興建 10 ～ 15 樓左右的中低層建築；SRC 施工方式是先將定型用鋼組成樑柱內部架構，鋼筋立於鋼骨外，再架設模板灌混凝土，完成樑柱及樓板施作。SC（鋼骨）主材料為鋼骨，玻璃帷幕辦公大樓通常是用這種構造，為了解決高樓層晃動問題，會在構造外圍包覆一層混凝土。三種結構因材料應用不同，所以在施工方式、耐震力也各有不同。

**改用替代品，不用耗時費工，也能呈現水泥質樸感**

　　混凝土雖有堅固、防火等優點，卻很少用來做為隔間牆，一般多用於建築外觀或室內承重牆，然而隨著居家空間 Loft 風、極簡風、侘寂風的盛行，逐漸被運用於室內空間，但多使用在地板，較少見純粹做為一道牆面，這是因為一道水泥牆要經過灌漿澆置、硬固等工序，且要拆模後才能於表面進行塗裝，耗時費工，且礙於重量與工序關係，混凝土不適合做為室內牆，但卻衍生出替代品，如：仿水泥磚、樂土、水泥板、塗料或壁紙等，雖說無法真的替代混凝土，仍可提供給喜愛混凝土這種材料的人，在省時、節省費用前提下，在牆上做出如同水泥般的質感。

## 磚牆

brick

攝影｜葉勇宏

### 厚實耐久、結構穩定的隔牆

磚牆本身嚴實堅固，既能當作隔間，也能成為房屋結構的一環。而在台灣，磚牆使用的材質以紅磚為主，成本低、好取得，但紅磚隔間較重，需搭配水泥砂漿的濕式施工，施工時間較長。因此考量到時間和結構承重力，後期則引入 ALC 輕質白磚，具有易切割、重量輕的特性，同時乾式施工的方式有效加快施工速度，不僅常見於居家，也經常作為工廠、辦公空間的隔間使用。

# 紅磚

**適用建築類型：**
**RC 建築**

攝影｜葉勇宏

**優點**
・耐久性強，使用年限長
・防火、防潮，各個空間都適用
・隔音效果好

**缺點**
・不耐震、重量較重，
　樓板薄或高樓層的建築不適用
・施工時間長、成本價格較高
・埋管困難、容易龜裂滲水

　　在裝修歷史上，紅磚牆是相當悠久的傳統隔間，紅磚本身以黏土、頁岩等燒製而成，材質硬實、堅固耐久，使用年限長，也不需費心維護，不僅能在牆體做表面裝飾，也是建造房屋的結構材料，能當承重牆使用。紅磚經過窯燒，具防火耐熱特性，是優異的防火材料，隔音與防水性能也佳，從廚房、衛浴到臥室，能作為室內各空間的隔牆。

　　紅磚雖然有諸多優點，但做為隔間牆也有其限制，雖然堅固，但不耐震，沒有足夠的彈性可緩衝地震造成的拉力，地震後容易在牆體看到裂縫，嚴重時甚至會出現崩塌的情況。另外，磚牆重量較重，施作前要考慮建築樓板承重力是否足夠，有些老屋樓板較薄，承重力就可能超過負荷。

　　過去台灣建築較少高樓，紅磚防火又堅固，適合做為隔間牆主要材料，但樓層越高也越要輕量化，自重偏重的磚牆容易影響到房屋抗震結構，不適用於高樓層建築。建議在需降低樓板承重的情況下，可在需要用水的廚房、衛浴做磚牆隔間就好，確保達到良好防水效果，其餘空間盡量改以輕隔間取代。

紅磚隔間的施工步驟大致可分為砌磚、粗胚打底、粉光或貼磚三大階段。砌磚前一天，要先將紅磚澆水浸濕，這是因為紅磚吸水力強，若沒有澆透，塗上黏著固定或打底的水泥砂漿時，紅磚會很快吸乾砂漿裡的水分，導致無法很好的結合，如此一來牆體結構強度會降低，也易於在牆面出現龜裂狀況。因此，建議紅磚吸收飽滿水分後再砌磚比較安全。

**砌磚工法細節繁複，需細心施工**

砌磚當天，空間會先放樣，確定好施作位置，接著拉出水平和垂直基準線，順著基準線砌磚，同時以雷射水平儀重複校準，確保施作過程中牆體不會歪斜。砌磚時，通常以交丁排列而成，並選擇大小尺寸接近、沒有缺角、質地堅硬的磚頭，排列起來才不會有太大的縫隙，整體結構會更穩固。

一般隔間牆大多採用較不占室內空間的順砌法，但若是想直接呈現磚牆樣貌，不再做任何表面裝飾，則可以選擇法式砌法或英式砌法這種較為花俏的砌磚方式。磚牆

攝影｜葉勇宏

是依據磚的交錯堆疊而成，不同的堆疊便會產生出不同的砌磚方式，可依個人喜好、空間需求來選用適合的砌磚法。

不過就施工面來看，磚牆一天最好只砌到 1.2 ～ 1.5 公尺高，不要一次砌完，要保留讓水泥沙漿凝固的時間，否則太高太重，未乾的水泥砂漿會像糨糊一樣溢出或軟塌，進而導致牆體歪斜或崩塌。等到磚牆砌完後，要等待 3 至 5 天讓磚牆的水分蒸散，再進行打底工程，以免水分鎖在裡面，導致壁癌問題。

等待磚牆完全乾燥後，接著在表面抹上水泥砂漿的粗底，粗底是水泥：砂以 1：3 的比例調製而成，作用在於為凹凸不平的紅磚牆做修飾。粗底整平後，需養護 3 至 5 天以上等待乾燥，接著再決定要做粉光或貼磚，端看牆面完成面是油漆或磁磚。

砌磚不是一蹴可幾，整體有著嚴謹的工序，且砌牆所需工期較長，過程中有許多要注意到的小細節，即便施工繁複也要每個步驟都確實做到，才能建立穩固堅硬的隔間品質。

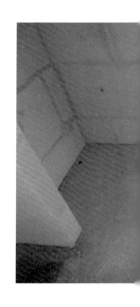

# 輕質磚

適用建築類型：
磚造建築、RC 建築、
鋼骨建築、SRC 建築

**優點**
· 耐震、防火、質量輕
· 白磚採乾式施工，完工快速方便
· 適合高樓層建築

**缺點**
· 白磚牆體承重力不高，難以吊掛重物
· 白磚隔音差、接縫處容易龜裂
· 價格較傳統紅磚高

　　過去紅磚一直是台灣建築主要使用材料，尤其因為有防火、防潮等優點，因此不論是過去或現在都是建築常用材料之一。不過隨著樓層越蓋越高，考量到樓板承重問題，磚牆除了逐漸被重量輕且施工快速的輕隔間取代外，隨著科技的進步發展，亦研發出一種所謂的輕質磚。

　　這類輕質磚最大的特色就是呈現磚的外型，但重量卻比傳統紅磚輕許多，工法上和砌磚牆大同小異，但有的採乾式施工或半乾式施工，施工方式比紅磚簡單，整體施工時間也會縮短許多，這類新興磚材單價大多比紅磚貴，但整體費用和工期明顯可精省許多。

　　克服了傳統磚牆施工繁複的缺點，想當然在裝潢工程中，也漸漸成為相當受到歡迎的建築材料。不過不若紅磚擁有堅固特性，輕質磚普遍有耐重力不足、不防潮、隔音較差等缺點，進行裝修工程時，建議可在用水的區域仍使用傳統磚牆做隔間，確保達到良好防水效果，其餘空間再改以輕質磚取代。目前在市面上使用較為普遍的輕質

空間設計暨圖片提供｜明代設計

磚有白磚和紅磚，這兩種組成材料、製成方式各有不同，當然也各有優缺點，不妨多做比較後再做選用。

白磚，是以石灰、矽砂、石膏等材料組合而成，是一種運用高壓蒸氣養護的輕質混凝土（Autoclaved Lightweight Concrete），亦稱「ALC 輕質白磚」。相較於紅磚，白磚尺寸更大，質量較輕，具有多孔隙特性，能阻隔高溫傳導，防火效果佳。不過，也因為孔隙較大，吸水率較高卻不易排水，防水性差，不適合用於廚房、衛浴等濕度高的空間。白磚採用的是乾式施工法，利用專屬的黏著劑，再依照一般砌磚工序就能完成，且磚牆砌完後，表面平整度高，不需經過打底、粉光等工序，可直接上漆、貼壁紙。白磚雖然單價高，但人力成本相對較低，整體造價也能降低。

輕質系統磚，也可以說是一種輕量化的紅磚，是以泥土作為基底，加入輕質骨材配方，再經近千度高溫燒結而成，外型與紅磚相似，在磚的表面會有孔洞，具有隔音、耐震、抗裂、吊掛等特性，施工方式與傳統磚牆施工方式差不多，但完成的牆體重量會比傳統磚牆輕許多，對樓板承重負擔較小。

空間設計暨圖片提供｜構設計

## 輕巧便利、施工快速的隔間

　　輕巧又方便施做的木作隔間，整體以角材、板材等組合而成，全程不會用到水，也無須像磚造隔間等待乾燥，乾式施工的方式能加快作業速度和時間，也更容易維持施工現場的整潔乾淨，而且木作材質相對較為輕盈，相當適合需要注意樓板承重力的高樓層建築。

適用建築類型：
磚造建築、RC 建築、
鋼骨建築、SRC 建築

空間設計暨圖片提供｜構設計

 **優點**
· 施工時間短
· 乾式施工，施工現場
　相對乾淨好整理
· 價格相對便宜

 **缺點**
· 怕潮不防水、不耐震
· 隔音效果較差
· 壁掛重物需注意補強結構

　　不過，木作的最大的缺點就是不防火、不防潮，也不耐震，因此會建議運用於臥室、書房隔間最佳，避免使用在經常用水的區域，如：廚房、衛浴等。為了強化防火功能，隔間表面會釘上耐燃性佳的矽酸鈣板，藉此延長防火時效。

　　木作隔間的主要材料為木質角材、夾板、矽酸鈣板和隔音棉。角材和夾板是由實木或集層材製成，實木久了容易變形，因此會經過乾燥、除蟲藥劑處理，為避免拿到未乾燥完全的實木角材，建議材料進場時要仔細進行確認。而集層材是經過多層木質熱壓而成，每一層再以膠水做黏合，裝修過程中的甲醛就是從膠水散發出來的。因此國家標準（CNS）依照甲醛含量，將板材劃分為 F1、F2、F3 等級。F1 甲醛含量最低，平均值在 0.3（mg/L）以下，建議選擇 F1 等級的板材和角材，維護居家環境品質。

**針對隔音效果，從多方面加強**

由於木作隔間本身並沒有太強的隔音效果，因此需在骨架裡加裝隔音棉來強化隔音效果，隔音棉有岩棉、玻璃棉材質可以選擇，其中玻璃棉材料是玻璃渣，高溫熔融後，再經過離心成纖技術，製成玻璃棉製品，岩棉材料為玄武岩，密度較玻璃棉大，比玻璃棉耐低溫，岩棉多做為防火隔音材，玻璃棉則常用作保溫吸聲材，兩者皆有防火、耐燃和隔音效果。一般隔間較常使用岩棉，搭配其他材料，燃點溫度可達 1,000°C 以上，防火時效可達三小時，玻璃棉燃點較低，具有一小時的防火時效。

木作隔間施工時，先下角材建立隔間骨架，需掛重物的區域，像是壁掛電視，會在該區增加角材數量和間距密度，來補強牆面結構，增加壁掛承重力。骨架完成後釘上背板，這時水電進場，在內部配置管線，並檢查管線數量和走位是否正確，沒關題後木工再接序確實填入足夠的隔音棉，接著確認沒問題後再封上面板。封板後，釘上矽酸鈣板、填補縫隙，便可進行牆面裝飾工程，也就是刷油漆或貼壁紙。木作隔間施工步驟快速簡易，30 坪的房子約只需 2～3 天的工期，因此在裝修工程中是最常採用的隔間之一。

木作隔間雖然工期短，費用較為便宜，但不少人在實際入住後發現，木作隔間的隔音效果比磚造隔間來得低，若對聲音較為敏感，建議施工過程中可採用以下措施做補強：

**一、塞入 80K 或 100K 的隔音岩棉**

一般 60K 的岩棉就夠用，但若要加強隔音，可用到 80K 或 100K，K 數越高、密度越高，隔音效果也越強。

**二、增加一層厚夾板補強**

在原本的 2 分夾板，再蓋上一層 6 分夾板，透過增加厚度強化隔音效果。

**三、先將隔間做到頂，再做木作天花**

通常施工順序是先做天花再做隔間，這樣聲音會經由天花四處傳導。透過隔間到頂的設計，能阻隔聲音的傳導，藉此降低噪音的困擾。

# 輕鋼架

## light steel

## 施工簡單快速，有利於變動格局

　　早期建築物裡最常見的建築材料為混凝土和磚牆，其中混凝土多用於外牆，室內隔間牆則多為磚牆，然而磚牆施工期長且工序繁複，於是相對難度較低的木作隔間便取代磚牆，成為室內隔間最常使用的方式。不過木作隔間雖然施工快又簡單，但木素材本身不防火、不耐潮，又易有蟲蛀和甲醛問題，在居家安全意識逐漸提昇的現在，難免讓人產生疑慮，於是隨著科技的進步，便有了以輕鋼架搭配板材的輕鋼架隔間方式，讓居家裝修有了另一種選擇。

適用建築類型：
**磚造建築、RC 建築、
鋼骨建築、SRC 建築**

**優點**
· 施工成本較低
· 重量輕，不會有樓板承重問題
· 施作工期較傳統隔間短

**缺點**
· 承重力較低，
　不適合在牆面釘掛重物
· 乾式隔間法防水與隔音效果較差
· 濕式隔間法需清運大量廢料，
　容易增加成本

　　輕鋼架和木作兩者同樣都能應用在天花與隔牆，可塑性木作較優於輕鋼架，但輕鋼架則是比木作來得堅固許多，施工方式很相似，同樣都是利用角材、輕鋼架做出骨架，再接著後續配置線路、填塞隔音棉等，最後再封板，其中輕鋼架隔間則會再細分成濕式和乾式兩種工法，再來進行後續的封板、灌漿等工序。

　　不同於木作主要原料為木素材，輕隔間採用一種輕質鋼做為骨架，比起傳統厚重鋼鐵元件，是一種更輕且更容易加工的金屬產品，雖然薄型輕量卻仍保有其強韌性。不過鋼鐵最怕生鏽，輕鋼架若沒經過適當處理，會比一般鋼鐵更容易生鏽，因此製作輕鋼架時，通常會針對外表進行熱浸鍍鋅處理，用以提升防鏽防蝕性能與使用年限，完成的輕鋼架元件常為槽狀長條外型，所以會稱為熱浸鍍鋅槽鐵，又可叫做槽鐵、槽鋼。一般來說，輕鋼架規格統一，因此元件運至現場等待放樣，確認好位置後，便可開始組裝，通常不需再在現場做任何栽切，只要固定好上下槽，接著固定立柱，預留門窗位置，一道牆的骨架便大致完成。

　　若為乾式施工法會先把其中一面做封板，待水電進場進行管線配置，並確認線路出口位置，然後再視個人需求是否塞入隔音棉等，所有作業確認沒有問題後，再將另一面封板；一般輕鋼架隔間板材經常使用的有：石膏板、矽酸鈣板和纖維水泥板，石膏板可塑性好、承重力佳，較能釘掛重物，矽酸鈣板可塑較差，但強度高、不易損壞，纖維水泥板重量較重，不適合做為垂直壁面，多是做為局部裝飾使用。

　　濕式輕隔間法同樣以輕鋼架為骨架，表面再封防火板材如：石膏板、碳酸鈣板等，接著配置水電管線後，灌入輕質混凝土，雖然因灌入輕質混凝土讓牆體重量比乾式工

空間設計暨圖片提供｜明代設計

法隔牆來得重，但相對於混凝土和磚牆，牆體重量仍大幅減輕，這種工法強度較大，幾乎等同於實心牆，整體不透水特性和隔音效果也比較好，因此也適用於廚房、衛浴這種經常用水易潮濕的空間。

同樣是輕鋼架隔間，濕式輕隔間施工較為複雜，且需等水泥乾燥後才能進行後續作業，相對來說較為耗時，過程又容易產生廢料，整體施工成本會比乾式隔間來得高。至於乾式施工法，施工快速簡單，成本較低，但整體費用會因使用材料的種類、等級而有高低落差，不過整體來說費用上一般還是會低於濕式輕隔間。

輕鋼架因為便宜，施工又快速，因此過去常見應用在商用、醫院等公共大型空間，但隨著裝修觀念與居家空間使用的改變，現今居家空間也逐漸選擇採用輕鋼架天花或隔間牆，對裝修的屋主來說，也可從費用、美觀等考量，有不一樣的裝修選擇。

玻璃

glass

空間設計暨圖片提供│工緒空間設計

# 清透材質
## 具延伸放大空間感的

過去清透具穿透性的玻璃材，只能算是居家裝潢裡的配角之一，運用方式多是做為局部裝飾，然而隨著現今居家空間越來越重視空間的使用彈性與採光，加上人口密集的都市裡，坪數越住越小，於是如何讓空間有放大感，同時又能延伸視線、引入光線，便成了重要的課題，而具有讓視線穿透特質的玻璃，因而成為隔間材的選項之一。

空間設計暨圖片提供｜木介空間設計

適用建築類型：
磚造建築、RC 建築、
鋼骨建築、SRC 建築

 **優點**
· 有延伸視線，放大空間效果
· 具穿透特性，有利於採光
· 可結合多種材料，可塑性高

 **缺點**
· 容易沾染髒污，需勤於清潔
· 為易碎材質，需小心不要碰撞
· 不能遮蔽視線，隱私性不足

　　玻璃主要由矽砂、純鹼（蘇打）、石灰石等天然物質經高溫熔製而成。雖然具有堅硬特質，卻也是一種易碎材質，若用來做為隔間使用，需注意挑選做為隔間材的玻璃種類，以免有了美觀，卻反而造成居家安全疑慮。從厚度來看，一般玻璃厚度大致可分為 2mm 至 8mm 以及 10mm 以上，2mm 及 3mm 普遍用於一般建築，4mm 到 8mm 適用於高樓及工業建築等，10mm 以上需特別訂製，運用於室內做為隔間牆建議至少要 10mm 以上，如此才能有較好的承載力，並確保有基礎的隔溫、隔音效果。

　　玻璃隔間雖然清透，有放大延伸空間效果，但視線可以直接穿透，讓人感覺缺乏隱私也是一大缺點，為改善此一缺點，通常會選擇加裝窗簾、百葉簾，若想維持玻璃隔間的清爽、俐落感，則可選擇加工過的玻璃，像是長虹玻璃、噴砂玻璃或壓花玻璃，這類加工過的玻璃，不僅能適當阻隔視線，提昇隱私性，玻璃上的紋理也能為空間帶來有趣變化，營造出各種不同美感。不過，如果仍在意過於直接的視線，也可依照希望呈現透明程度，選用阻絕效果更好的灰玻、茶玻或者黑破等有色玻璃。

實例應用

空間設計暨圖片提供｜紅殼設計

空間設計暨圖片提供｜工緒空間設計

### 弧形玻璃隔間，創造通透與層次感

獨棟透天住宅常見格局問題是推開大門就是客廳，空間毫無區隔，為動線有所緩衝，避免直接與客廳連結，利用鐵件與玻璃拉出一道半通透且未及頂的輕隔間，降低量體笨重與壓迫之外，同時讓視覺具通透與層次感，鐵件分割與弧型線條語彙，則回應業主對美式居家的喜愛。

### 木作隔屏展牆寬、添機能

餐區與玄關相鄰，卻因牆面幅寬不足而缺乏獨立的範疇；且開門就能一覽無遺的格局，也讓住家少了些許掩蔽的視覺層次。故順應原隔牆往外拉出一道約 40cm 的洞洞板屏風，除能使餐區定位更加明確，亦能透過洞板的靈活彈性增添實用，搭配單腳鐵件懸浮，讓空間表情更加輕巧活潑。

空間設計暨圖片提供｜構設計

空間設計暨圖片提供｜合砌設計

**圓弧轉角隔間換得流暢生活**

由於不想將電視牆後方的書房兼客房改做開放式格局，同時避免進入私領域的走道動線被餐區干擾而變狹窄，特別將客房轉角改以圓弧形導圓設計，同時搭配玻璃與濕式輕隔間工法，讓走道更順暢、不卡卡外，電視牆也因多了弧線而更柔和有風格，另一方面，餐廳與客房也更顯通透。

**樺木與壓花玻璃的輕柔細語**

與客廳相鄰的更衣間，以樺木實木構築框架，搭配細格紋壓花玻璃增加採光。特別的是，在客廳與走道這兩個面向全都封圍處理，卻將開口設於右拐入內的走道側；如此一來，既可讓牆面造型變得完整、減少內走道封閉感，又可藉無毒、耐用的材質滿足環保心願，讓居家環境更健康。

空間設計暨圖片提供｜生活砌劃 -Life Inspired

空間設計暨圖片提供｜大見室所設計工作室

### 灰綠空間因曲面玻窗更澄澈

為符合屋主兩人對於素樸和諧的生活期待，選擇以低調的灰綠色牆面與木節較不明顯的地板舖陳空間基調，再搭配黑色線條與色塊來勾勒出空間重點。接著打開客廳與書房之間的實牆，改以寬幅的曲面玻璃隔間窗設計，讓兩人交流更無阻隔，也能讓書房採光導入公共區，呈顯更開闊明亮的氛圍。

### 澄澈可透的自由靈魂視聽室

在客廳中先採用洗灰石特殊塗料來佈局空間，接著透過中性的米灰色調、斑駁的藝術質感，圍塑出都會男子的生活風格與態度。捨棄實牆，採用全透明玻璃砌出圓弧曲線隔間，打造出澄澈視覺的多功能視聽室，穿透的視野不僅可以最大限度地導入採光與城市景觀，同時也隱約可窺見居住主人不想被羈絆的自由靈魂。

### 長虹玻璃隔間，留住光線、降低密閉性

11 坪住宅僅有一間臥室，由於格局關係，並未能有對外窗，因而設計師在客廳起居區以輕隔間形式，搭配長虹玻璃打造通透且具有隱私性的隔間，讓自然採光能延伸入內，也降低臥室的密閉性，玻璃立面則藉由鋁件線條分割造型，增添立面層次與變化。

空間設計暨圖片提供｜日居室內裝修設計

空間設計暨圖片提供｜工緒空間設計

### 鐵皮屋與裸磚牆強化 loft 原味

廚房牆面利用鐵皮浪板噴漆拼裝，創造出貨櫃入屋的強烈印象，輔以開鑿的吧檯窗口與高腳椅烘托，令人有一秒置身個性小酒吧的遐想。客廳區則以紅磚文化石鋪貼，周邊再留殘不規則灰泥痕跡，結合外露的鐵管強化粗獷，讓空間呈現更原汁原味的 loft 風情。

### 沖孔鐵板兼顧隱私與收納需求

玄關與公共區以大尺度開口及連貫電視牆緊密相銜，雖然在造型氣勢上朗闊大方，卻也少了層層遞進的遮蔽之美。因此利用黑色沖孔鐵板與玻璃嵌合形成屏障，下方再以系統板材規劃出座椅收納，除可避免一眼直透入室的尷尬，也可利用洞洞板特性搭配掛勾，兼顧隨手小物的收納需求。

空間設計暨圖片提供｜工緒空間設計

### 鐵件隔屏整合桌面提升坪效

為了維持臥房內寬廣的空間尺度，睡寢區與書房
之間設置輕隔間作為劃分，睡寢區主牆利用木作
貼飾壁紙，賦予溫馨氛圍，局部搭配鐵件玻璃隔
屏，不僅僅是放大延伸空間感，鐵件結構更連結
桌面、地板、天花，彼此相互支撐更為穩固，隔
屏部分也特意留空、沒有全作滿玻璃，可選配掛
鉤提供書桌區收納使用。

空間設計暨圖片提供｜紅殼設計

空間設計暨圖片提供丨構設計

空間設計暨圖片提供丨工緒空間設計

### 兼具機能與美感木作電視牆

這是一層兩戶的長型屋格局，為了滿足屋主四代同堂的眾多鞋物收納需求，除了已經量身訂製了玄關大收納櫃，還搭配木作打造一座電視牆櫃，讓電視牆後方不只能提供更多收納櫃，面向客廳的牆面木作更以精緻線條勾勒出屋主的品味，而牆櫃刻意不頂到天花板讓視線穿越的設計，則確保客廳格局不縮小。

### 用玻璃磚牆納光、添變化

沿著一樓車庫向上，梯間光線昏暗，故以玻璃材納光破封閉。考量車庫廢氣上湧問題，在進入居家範圍前已先置了一道長虹玻璃門阻隔；且通往三樓的對向梯間，也用了部分清玻璃採光，故餐廚區改設玻璃磚綴飾。如此既可保留材質引光優勢；亦能從不同面向欣賞多樣的玻璃風情，增加視覺豐富感。

**玻璃開口賦予最佳透光性**

此案為中古屋改造，將毫無隔間的空間劃分出一房二廳的格局，由於全室僅12坪，為避免臥室空間感過於狹隘、壓迫，特別在隔間開設一道玻璃開口，以清玻璃搭配長虹玻璃形式，清玻璃可達到最佳透光效果，長虹玻璃則扮演私密性功能，一方面也裝設捲簾，提供更完整的隱私需求。

**鐵、木、磚共構閒適安然**

牆面木框口框的設計藉錯落牆面深淺，再留出約15cm深的平台間距，讓左側鏤空處成為照片展示區。右側嵌入白色鐵花窗點綴，再懸掛綠植加添生機。透過深木色的窗框統合，與綠色格紋磚的輝映，讓人即使安居於室，也有閒步於小巷弄中的悠然。

空間設計暨圖片提供｜日居室內裝修設計

空間設計暨圖片提供｜工緒空間設計

空間設計暨圖片提供｜紅殼設計

空間設計暨圖片提供｜工緒空間設計

### 電視結合玻璃隔屏，劃分場域承接陽光

相較於多數住宅選擇以玄關延伸的牆面當作電視主牆，在這個案子中設計師特別將客廳轉向 90 度，一方面讓沙發背牆可獲取較寬廣的幅度，加上將電視結合玻璃隔屏，座落於客廳與餐廳之間，暗喻場域的轉換之外，小冰柱玻璃留住柔和的採光，也創造出環繞流暢的動線。

### 清玻＋捲簾空間應用更彈性

因客變期間就已撤除牆面，故書房區用木作隔間搭配兩截式窗型強化造型感。長虹玻璃與清玻璃的雙重選材，不但能最大程度串流兩區之間的光線，同時能達成延長景深、增加設計層次目的。考量客人留宿時的隱私性，於窗後加裝二道捲簾備用，讓空間利用時更靈巧貼心。

### 鏤空木框輕隔間，爭取視覺與光線的延伸

透天住宅從車庫往上的樓梯間，通常會遇到採光陰暗的狀況，設計師選擇將原本的實牆隔間拆除，改為採取木作隔間搭配半高玻璃的設計手法，讓客廳落地窗光線能延伸至梯間，提升明亮與舒適，除此之外，也藉此框景創造視覺延伸效果，當家人們返家也能隨時察覺彼此的動態，增加互動性。

### 用半牆 + 清玻創造明亮朗闊

居家風格上以清新自然的北歐風，卸去身心的勞頓與疲憊。由於臥榻區設計元素已足夠豐富，因此廚房設計高度140、深度約 30cm 的白色半牆，搭配 8mm 強化清玻璃增加採光與通透。由於主承重力量在下方牆面，因此上半部玻璃無須拼接，直接以 260cm 大幅寬示人，也讓整體牆面更顯簡潔。

空間設計暨圖片提供｜紅殼設計

空間設計暨圖片提供｜合砌設計

空間設計暨圖片提供｜生活砌劃-Life Inspired

空間設計暨圖片提供｜合砌設計

## 低進口磚材強化設計爽颯感

為呈現房屋未經打磨的原始風貌，空間捨去多餘色彩，並以黑白灰
階為主軸帶來質樸，再融入文化石紅磚牆增添暖意。進口的文化石
磚在尺寸比例上較為扁平，凹凸面與色調的仿製更為擬真，雖然價
格約為國產品兩倍，但更能強化俐落時尚的工業風情。

## 低調礦物漆牆調節溫溼度

環境因素也是空間規劃與材質選擇的思考重點,由於空間地點處於雨季平均濕度達 70 ～ 80% 的潮濕環境,所以將全室牆面與天花板都採用可調節溫溼度的礦物塗料做基礎,再搭配全熱交換機及空調等設備來確保舒適、乾爽。此外,利用局部開放與條狀玻璃窗屏的隔間牆設計,讓光線可漫入餐區。且配置漆黑色展示書牆來滿足兼做閱讀工作區的需求。

## 多元素材成就空間活潑

原電視牆位置易造成走道空間浪費,故調轉方向使面寬加大,順勢將廚房、客浴、次臥整併令動線更流暢。而從玄關開始鋪陳灰格紋壁紙、藤、木交織的鞋櫃面板、白框鑲邊的鋼絲玻璃門窗、黑色系統餐櫃、藍色繃布餐區牆,透過多元的色彩與素材交映,讓家不僅俏麗,也充滿高雅質感。

空間設計暨圖片提供│工緒空間設計

# #Q1

**用輕鋼架隔間,施工要多久,
會比較便宜嗎?**

輕鋼架隔間是使用質量輕的鍍鋅鋼骨作為支撐牆體的主要骨架,再搭配防火耐燃之板材打造的隔間牆。因重量比傳統紅磚牆輕,具防火效果、施工迅速且便於回收等優點,而逐漸成為普遍採用的隔間裝潢工法之一,施工時間和價格會比傳統紅磚牆便宜。

輕鋼架隔間又可以分為乾式、濕式兩種輕隔間形式,兩者的施工時間和價格也有所差異:

**・濕式灌漿法**

濕式灌漿輕隔間是以輕鋼架為骨架,表面封上板材(例如:石膏板、矽酸鈣板、水泥板),然後在板材內灌入輕質混凝土,等於是實牆隔間因此等待混凝土乾燥需要較長時間,價格也稍高,但具有不透水、隔音好等優點。

**・乾式輕鋼架**

乾式輕鋼架施作流程與濕式大同小異,最大的差異在於板材內不灌漿,而是填入吸音棉,所以是一種施工速度快、重量輕且施工成本低的輕隔間方式。但由於中間填入的是吸音棉,相較於濕式灌漿法隔音和承重效果較差。

| 隔間工法 | 濕式灌漿法 | 乾式輕鋼架法 |
| --- | --- | --- |
| 施工價格 | 約 NT.5,000 元～ 6,000 元 / 坪 價格會依板材選擇而有所不同。 | 約 NT.3,500 元～ 4,500 元 / 坪 價格會依板材選擇而有所不同。 |
| 施工時間 | 施工時間依施作範圍而訂,約 10 ㎡ / 日 | 施工時間依施作範圍而訂,約 15 ㎡ / 日 |

空間設計暨圖片提供｜日居室內裝修設計

玻璃的選用可從空間隱密性高低來
做選擇，書房、廚房等公領域，可
用透視度高的玻璃，房間、衛浴等
私密空間，可用透視度低的玻璃。

# #Q2　除了清玻璃，還有適合做隔牆的玻璃嗎？
選用霧面玻璃，會不會影響採光？

　　清透是玻璃隔間最大的優點但也是缺點，因為它不只能穿透光線，同樣讓裡外空間看得一清二楚，作為隔間會有隱私上的疑慮，因此想要保留玻璃透光的同時擁有隱蔽性，長虹玻璃、噴砂玻璃以及結合科技的電控玻璃就會是很好的選擇。

　　長虹玻璃壓、壓花玻璃、格紋玻璃、水波紋玻璃、海棠玻璃都屬於壓花玻璃的一種，它們都能透光，特殊的壓紋又能保有適度隱私，同時也具有美化空間的作用。霧面的噴砂玻璃是利用機械噴砂、手工打磨或是化學物質（氫氟酸）溶蝕等方法，將玻璃表面處理成霧粒狀，霧面噴砂玻璃可以選擇單面或雙面加工，雖然透光度不比清玻璃來得好，卻有不透視的遮蔽效果，還能讓室內的光線較為柔和不刺眼。

　　電控調光玻璃，能夠通過電來控制玻璃的透明度。主要原理是在玻璃之間加裝一層液晶調光膜（PDLC），通電時 PDLC 會進行有序排列使光線可以穿透玻璃，關閉電源時，PDLC 被打亂就變成霧化狀態，因此電控玻璃可以依照需求隨時控制玻璃的透明狀態，成為現代玻璃隔間的新選擇。

空間設計暨圖片提供｜工緒空間設計

居家空間選用玻璃時，除了美觀，應先考量安全性，若家中成員有較為好動的小孩，為避免危險，不建議大面積採用玻璃材質。

# #Q3

## 用玻璃做隔間牆安全嗎？

相較於矽酸鈣板、木板或者水泥磚牆等隔間牆材料，選擇玻璃做為隔間牆最大的優點就是透光的特性，因此運用在一些採光比較不好的空間能提升空間明亮度，放大空間視感；且玻璃隔間厚度更薄，可減少實牆佔據的面積，對小空間來說能增加一定程度的坪效；但玻璃易碎特質是不少人擔心的地方，尤其較脆弱的邊角受到撞擊，就有可能整片碎裂；如果想使用玻璃作為隔間，考量到居家安全性可以選擇強化玻璃、膠合玻璃。

**·強化玻璃：**

一般玻璃破掉後會形成許多尖銳的邊角，而表面經過特殊處理的強化玻璃又稱為「鋼化玻璃」，是將玻璃加熱至接近軟化點（約 700 度）再急速冷卻，耐壓強度為一般玻璃的 3 至 5 倍較不易碎裂，而且破掉會變成鈍角顆粒，割傷人的機率比較小，也比較好清理。

· **膠合玻璃：**

　　膠合安全玻璃又稱「夾層玻璃」是利用高溫、高壓的製作方式，在兩片玻璃中間夾入可塑性高的樹脂中間膜（PVB）製成，當膠合玻璃受到外力撞擊，會裂解成蜘蛛網狀，玻璃碎片不會崩裂傷害到人，樹脂中間膜還具有降低太陽熱輻射穿透和隔音功能，是安全又節能的玻璃。

| 玻璃種類 | 清玻璃 | 強化玻璃 | 膠合玻璃 |
| --- | --- | --- | --- |
| 特性 | 沒有經過任何強化處理工序，因此經過撞擊相當易碎，玻璃碎片容易割傷引發危險。 | 將平板玻璃加熱接近軟化點時，在玻璃表面急速冷卻，使壓縮應力分佈在玻璃表面，增加玻璃使用的安全度。 | 利用高溫高壓，在兩片玻璃間夾入強韌而富可塑性的樹脂中間膜（PVB）製成，具有不易碎裂的特點。 |
| 安全性 | 低 | 中 | 高 |

# #Q4

### 木作隔牆費用比較便宜嗎？
### 有什麼方法可以加強木作隔牆隔音效果？

　　木作隔牆是以木角材作為隔間的骨架，再進行兩面封板的施工作業，由於木作可塑性高，木作隔牆的優點是能依照空間需求做出各種造型隔間設計，例如弧形或特殊形狀。而且木作隔間施工快速，目前仍是住宅中常用的隔間工法。

　　木作隔牆中空的結構，不像磚或水泥牆的實心結構，隔音相對較差，若對空間聲音品質有要求，要在隔間骨架中填塞隔音材料來加強隔音，隔音材料大多使用岩棉或者玻璃棉，一般木作隔間使用 60K 左右的岩棉，K 數越大密度高則隔音效果越好。若想要再加強隔音效果，可在兩面加強板材，或者選擇矽酸鈣板作為封板牆面，工程順序上可以先將隔間牆置頂再施作天花板，這樣都能強化隔音效果。

　　很多人認為，以木材作為隔間比起磚牆或灌漿隔間價格便宜，由於木作隔間牆型態與用料多元，價格會受到設計形狀、尺寸大小、板材種類、品牌等因素影響，一般施工費用約 NT.4,000 元～ 6,000 元／坪，但仍需以實際需求來估算價格較為準確。

# #Q5

想做一面磚牆，
發現磚牆有不同砌法，差別在哪裡？

---

　　傳統磚牆既可作為隔間底牆，亦可用滿漿砌磚直接裸露成為裝飾一環。磚塊單個重量約 2 公斤，對於有承重限制的大樓，可改用輕質紅磚替代。其磚材表面有孔洞，重量僅紅磚的 1/4，是一種符合綠建材標章的輕隔間建材。常見磚牆砌法有順砌法、英式砌法及法式砌法。順砌最不占室內空間，常見於戶外低矮圍牆或室內隔間牆（1/2B）使用。英式砌法強度最佳，也是承重牆最常採用的砌法。法式砌法美觀堅固於建築外觀常見。

　　而室內常見的各式磚牆通常是由文化石鋪貼而成，是一種牆面飾材。文化石可分成天然與人造兩種，前者由天然石材如：板岩、砂岩、石英等製成，後者則由水泥、石膏等材質加工而成。鋪磚方式建議一排排由下往上砌，若使用角磚則建議先黏貼角磚後再往中間施工，讓需裁切的文化石隨機分布在牆面中間。依石材與呈現效果不同，可分成密貼與留縫兩種。天然文化石多採密貼，效果類似板岩牆，而留縫也可選擇是否填縫，填縫後再上水泥漆，可模仿早期磚牆油漆的效果。

　　不過，在了解砌牆形式之前，有必要先了解一些專業術語：

**一皮：** 砌磚時每砌一層稱為一皮，由下往上推算，第一層就叫做第一皮，第二層叫第二皮。
**順磚：** 面對磚牆時，水平方向排列的叫作順磚。
**丁磚：** 面對磚牆時，垂直方向排列的叫作丁磚。
**交丁：** 為了增加牆面強度，上下兩皮間之豎縫至少應錯開 1/4 磚長稱為交丁。

**| 常見砌磚法 |**

**1. 丁式砌法：**

　　面對磚牆時均以丁面排列，砌磚完成時露出短面，稱為「丁式砌法」，其受力強度不高。

**2. 順式砌法：**

　　砌磚完成時全以磚塊平放時之順面，由於強度不佳，常見於低矮圍牆及室內隔間牆。

**3. 英式砌法／荷蘭式砌法：**

　　丁磚和順磚交錯排列，平面上增強了抗壓強度和側向穩定性，立面上則呈現花式圖案，重點在於第一皮於牆轉角處以半條磚砌築，是承重較強的砌磚法。

**4. 法式砌磚：** 每皮皆以丁磚及順磚交互排列，上下皮又錯開排列。

**5. 美式砌法：** 疊砌時每三到五皮交雜一皮丁磚方式的疊砌法。

空間設計暨圖片提供｜木介空間設計

除了隔間施工順序及時間，牆面表面選用不同的裝飾材，也會影響到裝潢施工順序及時間長短。

# #Q6

**不同材質的隔間牆，
施作工程順序會不同嗎？**

目前常用隔間牆大致分成三種類型，「骨架型隔間牆」、「砌磚型隔間牆」、「板材型隔間」。

「骨架型隔間牆」有木作隔間、乾式輕鋼架隔間及濕式灌漿輕鋼架隔間，骨架型隔間牆施作工程的概念及順序大致相同，都是先立好結構骨架再封上板材，差別再於骨架一個是木角材，一個是鍍鋅鋼材質，而木作隔間、乾式輕鋼架隔間會填入隔音棉加強隔音效果，而濕式輕鋼架隔間則是在封板材內灌入輕質混凝土。

「砌磚型隔間牆」有紅磚隔間牆及白磚隔間牆，基本上是以磚塊疊砌的方法完成，兩者最大的差別在於，燒製而成的紅磚尺寸大小固定，疊砌時會拉「水線」作為水平與垂直的施作依據，當牆依照指定砌法完成牆面後，需要進行粗胚打底，然後以水泥砂漿粉光整平牆面，再作表面裝飾。

白磚是以水泥、石灰、石膏、矽砂等製成，因此可以配合隔間牆尺寸切割磚塊，疊砌時需要以水平儀隨時確認力求垂直平整，確保磚塊間之密合度，白磚牆為乾式工法，完成牆面後不需要泥作打底與水泥砂漿粉光，僅需批土研磨上漆，所以施工比較快速，也較容易維持工地整潔。

陶粒板隔間是屬於預鑄混凝土牆板的「板材型隔間」，是以發泡陶粒為骨材混水泥砂及發泡劑燒置成塊，再以鑽石鋸片切割成不同厚度的板片，施工方式是將陶粒板運至現場安裝，組接時先在板材側邊凹槽抹水泥砂漿作為接著，再以水泥填補伸縮縫完成，陶粒板每塊面積較大，所以無須水泥粉光處理就可黏貼磁磚，但如果要上油漆或貼壁紙，必須先批土才能施作。

# #Q7

## 想隔一間衛浴，可以用輕鋼架隔間嗎？

衛浴是家中用水最頻繁的地方，因此施作衛浴隔間牆首要考量的是防水、防潮問題，輕鋼架隔間結構多以鍍鋅輕鋼架為骨架，外部再以防水板材封住，工法上有分乾式和濕式。

乾式工法的施工過程在架完骨架後，外層釘上板材，板材內再填充玻璃棉或岩棉增加隔音，過程不需要與水接觸，但不具備防水效果。濕式工法則是在架設完骨架後，封上板材再灌注混入輕質混凝土，因此具有混凝土不透水的特性；從乾式和濕式輕鋼架間牆的施作方法來看，衛浴隔間較適合防潮性較高的濕式隔間牆。

除此之外，衛浴隔間也要使用防潮濕、防銹、防腐爛的材料，像是矽酸鈣板、水泥板都具有防水特性，同時牆板與地面、兩塊牆板材的平面或轉角接縫處都要徹底做好防水工程，尤其下方轉角處的防水層要特別注意，最好用纖維網配合防水彈性膠泥加強，才能減少往後漏水修繕的麻煩。

# #Q8

**不想被隔牆佔去太多空間，
採用哪種隔間比較好？**

　　當空間坪數有限，裝潢時每寸都要錙銖必較，挑選合適的牆面厚度就能替小宅爭取更多空間，隔間牆的種類很多，以下是常用隔間牆的厚度差異。

**‧木作隔間**

　　木隔間是住宅中最常用的隔間方式，由木角材做為結構加上前後兩面板材所構成，一般木作隔間厚度大約 6 ～ 8cm 左右，但有可能為了加強隔音效果，前後增加 6 分板材後再鋪一層防火板材，因此實際厚度會因為造型、隔音效果、內置線路管徑大小而會更厚。

**‧輕鋼架隔間**

　　輕鋼架隔間施作方法和木隔間相似，不同的是結構以鍍鋅鋼作為骨架，前後再封上防火板材，由於材料較輕施工速度比木隔間快，牆面厚度大約 8cm 左右，牆面厚度也會因為選擇不同板材而有些差異。

**‧白磚牆隔間**

　　由石膏、石灰、細砂製成的白磚，重量輕、施工快速，而白磚厚度有 7.5cm、10cm、12.5cm、15cm、20cm 可選擇，厚度越厚隔音效果會越好，一般會選擇 12.5cm 作為室內隔間牆，厚度和隔音效果都較適合。

**‧玻璃隔間**

　　玻璃隔間能延伸視覺和光線，是放大室內空間相當好用的材質，為了安全考量，選擇強化玻璃作為隔間比較安全，玻璃隔間最低厚度至少要 0.5cm 以上，常用厚度有 0.8cm ～ 1cm，是所有隔間牆之中最薄、最不佔空間的材質。

| 隔 間 種 類 | 木 作 隔 間 | 輕 鋼 架 隔 間 | 白 磚 牆 隔 間 | 玻 璃 隔 間 |
|---|---|---|---|---|
| 厚　　度 | 6 ～ 8cm | 8cm ～ 12cm | 10cm ～ 12cm | 0.5cm ～ 1cm |
| 隔 音 效 果 | 約 30db | 乾式：約 30 ～ 50db<br>濕式：約 30 ～ 40db | 約 35db | 單層玻璃約<br>25 ～ 30db |

# #Q9　輕鋼架隔間，不同板材價差會很大嗎？<br>隔音、防震等效果，又有什麼不同？

　　輕鋼架隔間常用的板材主要有三種，「石膏板」、「矽酸鈣板」、「纖維水泥板」每種特性都不同，作為隔間板材時大家最關心就是隔音、耐用性及防震效果。

## ·石膏板

　　石膏板是由石膏和軟礦物等成分壓縮製成，屬於柔性板材，價格低而且防火耐震效果好，隔音效果接近磚牆，缺點是硬度較低，邊角容易破損。

## ·矽酸鈣板

　　目前最常被使用的矽酸鈣板越厚隔音效果越好，但單純使用矽酸鈣板並不能做到絕對安靜的效果，它的耐震效果與石膏板牆類似，但矽酸鈣板硬度較脆，地震時有可能突然斷裂。

## ·纖維水泥板

　　以礦石纖維混合水泥製成的纖維水泥板，具有水泥特性同時兼具纖維的韌性，最大優點就是吸音、隔音效果非常好，而且耐衝擊性佳，因此耐震效果很好。

　　雖然作為輕鋼架的隔間板材都具有一定的隔音效果，但若是對空間聲音品質較為要求，仍需要搭配隔音材料或隔音技術，才能有效提升整體空間的靜音品質。

| 板 材 | 石 膏 板 | 矽 酸 鈣 板 | 纖 維 水 泥 板 |
|---|---|---|---|
| 價 格 | 9mm×3呎×6呎／一般板 NT.120～150元<br>防潮板 NT.140～160元<br>（價格依產地及品牌有所差異） | 6mm×3呎×6呎<br>NT.350～500元<br>（價格依產地及品牌有所差異） | 6mm×3呎×6呎<br>NT.2750～350元<br>（價格依產地及品牌有所差異） |
| 隔 音 | ★★★★★ | ★★★ | ★★★★★ |
| 耐 震 | ★★★★ | ★★★ | ★★★★★ |

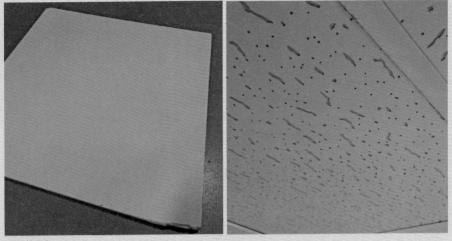

攝影｜喃喃

不同板材各有其優缺點，但基本上
只要板材規格合乎法規，便有安全
保障，至於挑選原則就從個人重視
功能來做挑選即可。

# #Q10

### 輕隔間板材，應該怎麼挑選？

　　隔間牆的表面板材過去常用木夾板，但因不防火、不耐燃，有居住安全的疑慮，
目前較少被採用。現在常用的防火耐燃板材有矽酸鈣板、石膏板、纖維板、水泥板等
材質作為輕隔間板材，各自有不同的優缺點。

**矽酸鈣板：**

　　矽酸鈣板主要以石英粉、矽藻土、水泥、石灰、紙漿等為原料，經由高溫、高壓
定型、表面砂光處理等程序製成的輕板材不含石綿、無甲醛屬於環保綠建材，且吸音、
防潮、防蛀，還具有相當好的防火／耐燃性能，是目前最常被選用的板材。缺點是不
耐重，如果牆面需要吊掛重物，背面需要做結構強化處理。

**·石膏板：**

　　石膏板是由石膏和軟礦物等成分壓縮製成的板材，同樣具有耐燃、防震的性能。
石膏板的優點在於板材之間不需預留縫隙結構和強度更穩定，而且較容易變化出造型。
石膏板的表面是紙材因此容易受潮，假若環境較潮濕，容易變得不平整。

目前還有一種纖維石膏板，又稱為無紙面石膏板，主要以石膏粉為原料加入各種纖維加強韌性，因此具有普通石膏板的優點，還可以釘牆、抗彎，應用範圍更廣。

· 纖維板／密度板：

纖維板是以木質纖維或其他植物纖維為原料，經過高溫加壓，合成樹脂製成的板材。依照密度可分為高密度、中密度和低密度纖維板。纖維板表面光滑平整，邊緣牢固，容易進行塗飾加工，但密度板耐潮性較差，咬釘力也不好，一但鎖進螺絲後如果發生鬆動，無法在同一位置再固定。由於是合成樹脂加壓黏著，要留意甲醛含量。

· 水泥板：

水泥板結合水泥與木板的優點，具有不易彎曲和收縮變形特點，且耐潮防腐，加上材質輕巧施工快速，完成後無須批土即可直接上漆，不過水泥材質本身無法被回收再運用，會危害環境，因此在技術上研發出以木刨片與水泥混合製成的「木絲水泥板」及礦石纖維混合水泥製成「纖維水泥板」，來減少水泥用量。

| 板 材 | 矽 酸 鈣 板 | 石 膏 板 | 纖維板／密度板 | 水 泥 板 |
|---|---|---|---|---|
| 材 質 | 石英粉、矽藻土、水泥、石灰、紙漿等為原料，經由混漿、高溫、高壓定型製成。 | 心材以石膏為主要原料，並以石膏板專用原紙包覆。 | 以木纖維或其他植物纖維經過高溫加壓，中間以合成樹脂黏著製成。 | 木絲水泥板：木刨片與水泥混合製成。纖維水泥板：礦石纖維混合水泥製成。 |
| 優 點 | 吸音、防潮、防蛀、耐火 | 質地輕、強度高、容易加工、防火、防震 | 表面光滑平整、材質細密、性能穩定、邊緣牢固、容易造型 | 堅固、防火、防潮、防霉與防蟻，可吊掛重物 |
| 缺 點 | 不防水、顏色款式少、價格較高、隔音效果不好、承重力較差 | 密度低容易斷裂 | 不防潮、遇水膨脹率大容易變形 | 無法被回收再運用，非環保建材 |
| 空 間 | 適用大部分空間 | 適用大部分空間 | 不適用於廚房、衛浴潮濕空間 | 適用大部分空間 |

以木作為底材的輕隔間牆，不但在造型上能隨心所欲，也是整併動線、補足結構牆幅寬缺漏的好幫手。

空間設計暨圖片提供｜工緒空間設計

# #Q11

### 雖說輕隔間施工快、費用便宜，但遇到地震會不會容易坍塌或出現裂痕？

「輕隔間」主要使用質量輕的鋼架為骨架，再搭配防火板材打造隔間牆。材質上大致可分成：輕鋼架、白磚牆、陶粒牆與木作牆四種類型。輕鋼架有濕式、乾式兩種工法：濕式是以輕鋼架為骨架，表面再封石膏板或碳酸鈣板這類防火板材，因為會在板材內灌入輕質混凝土，故具有不透水特性，耐震、隔音效果佳，配管也容易。乾式施作不灌漿，而是填充吸音棉，所以耐震、防水與隔音效果較濕式差，且承重力較低，較不適合浴室或想釘掛重物的區域。

白磚牆就是「ALC輕質混凝土板」，重量比紅磚、混泥土更輕，且施工快速、價格便宜，但隔音效果差、耐震程度普通。陶粒牆本身兼具防火、隔熱、隔音、耐震、施工方便等優點，但價格偏高。木作牆是最能配合室內設計的方式，但防火、耐震、隔音效果較差，需填入吸音棉跟增加防火板材強化機能。總之，規劃輕隔間時要將材質防火、耐震、隔音、防水性四個特性都納入考慮，只要不是超級強震，其坍塌可能性與磚牆無異，且更不易出現裂縫。

# #Q12　在市面上看到一種叫做水泥磚的建材，和紅磚、混凝土有什麼不同？

　　過去隔間方式大致可分為兩種，水土隔牆和木作隔間，水土隔牆使用的材料為紅磚或混凝土，木作隔間使用的材質為木素材。具有堅固耐用優點的水土隔間方式，礙於大樓承重問題，且工法繁複且耗時費力，於是漸漸被木作隔間取代，而木作隔間雖然簡單快速，防火、防噪效果卻不佳，因此藉由科技的進步，便發展出同樣可用來做為隔間牆，重量卻相對輕的產品，如：白磚、石膏磚、水泥磚等輕質磚。

　　這些磚材在重量上雖然輕了許多，但皆是由科技研發而成，也有隔音、隔熱、防火效果，但大多仍會略遜於紅磚和混凝土。

## ・輕質紅磚

　　以泥土作為基底，加入無化學成分的特殊輕質骨材，經由近千度高溫燒結而成，完成品外型與紅磚相似，但表面會有孔洞，具隔音、隔熱效果，沒有紅磚過重缺點，為一種輕隔間建材。

## ・白磚

　　簡稱 ALC，俗稱白磚，隔音、隔熱效果佳，經由高溫高壓蒸氣淬鍊而成的輕質磚，施工方式與磚牆一樣採疊砌式，但不需澆水、泥砂，磚牆砌好後也不用水泥粉光，直接批土即可上漆。

## ・水泥磚

　　水泥磚是利用粉煤灰、煤渣、煤矸石、尾礦渣等（以上原料的一種或數種）作為主要原料，以水泥做凝固劑，不經高溫煅燒製造，採用高壓成型技術，密實性好、吸水率低，自重較輕、強度高也比較環保。

## ・石膏磚

　　石膏磚主要製成原料有硫酸鈣、天然石膏、脫硫石膏，成品吸水率低不易形成壁癌，具隔音、防火、耐震等優點，是一種適應用於室內隔牆的隔間材，且不需像紅磚一樣，等水分乾燥才能上漆，直接批土便可油漆，可縮短施作工序時間。

空間設計暨圖片提供│構設計

玻璃結合門片的形式，是最常見運用於居家空間的做法，安全性高，同時能增加空間使用彈性。

# #Q13

**採用玻璃做隔間牆時，要注意些什麼？**

玻璃材質具有清透特性，一直相當受到居家空間歡迎，常用來做為點綴，近幾年由於房子越住越小，為了達到空間開闊、放大目的，玻璃便從原來的裝飾功能，轉化成區隔空間用途，不過玻璃本身易碎，想要做成隔間牆，需特別關注以下幾個重點。

## ·玻璃種類挑選

應用在公共區域，較沒有隱私需求，可選用清透的清玻璃，或者選用帶有紋理的長虹玻璃、噴砂玻璃製造視覺變化，這類玻璃裝飾性高，可適度遮擋視線，滿足隱私需求；若想有高度隱私，可選用能完全遮擋視線的有色玻璃，像是黑玻或茶玻，不過顏色較深，易成為空間焦點，最好視空間風格適當運用。

私領域如：衛浴、臥房，這類空間相對來說偏小，適合採用清透的清玻璃，來達到延伸放大，避免實牆壓迫感目的，但若是想隔開更衣室、化妝桌等容易凌亂的區域時，則可採用長虹、壓花等無色玻璃。

· **安裝方式**

　　玻璃易碎，基於安全考量，做為隔間牆時，一般大多會選擇先做半牆設計，然後在上半部加裝玻璃；大膽一點，才會採用整片玻璃做為隔牆，不過不論採用哪種設計，只要是用玻璃做隔間，最好使用厚度約 5cm 的強化玻璃比較安全。

· **施工的驗收**

　　比起一般隔牆工程，玻璃隔間施工來得相對簡單，但施工驗收仍不可忽視，一般建議玻璃不要太早進場，以免還在進行其它工程時，不小心遭到損毀；玻璃經強化後便無法鑽孔，預留的孔洞需預先處理，事前告知清楚，事後要再次確認；玻璃安裝工程完成後，檢查表面是否有刮傷、邊角有無碰撞破裂，收邊是否完全。

# #Q14　　　　　只想做一道磚牆當裝飾，
## 要考量樓板承重問題嗎？有哪些選擇？

　　一般不是做隔間牆，只是做為裝飾性用途，便不需考量到堅固、承重等問題，在建材的選用上可以更多元，可從施工簡單、重量輕盈、費用便宜幾個方向做挑選，接著再依造個人喜好與希望呈現效果，決定選用的建材。

　　若追求接近磚的真實感，首選是文化磚，文化磚其實是一種石材，也稱為文化石，只是以磚的外型呈現，重量比天然石材輕，卻具有天然石材表面粗糙與紋理色澤，種類很多有：板岩、風化石等各種色調與面感，可視空間風格類型選用。文化磚施工方式，和砌磚牆方式類似，施工難度不高，甚至可以自己 DIY。不過，文化磚表面凹凸粗糙，以牆壁裝飾為主，不適合用於地面，更不適用在潮濕區域，普遍應用於沙發牆、電視牆為主。

　　若不追求觸摸真實感，只是想要強調空間視覺焦點，那麼可選用壁貼、壁紙來打造一道磚牆，別小看這些壁貼、壁紙，隨著現今印刷技術日益進步，擬真程度不只相當高，還能將磚材紋理印得相當細緻，只要不靠近觸摸，幾乎可以假亂真，而且不管是紅磚、灰磚，鄉村風還是工業風，樣式種類繁多，一定可以挑到適用的款式，加上施工相當簡單，費用也會便宜許多。

空間設計暨圖片提供｜木介空間設計

將玻璃做為隔間材的運用方式有很多種，可從想呈現的效果來決定裝設位置，及大面積或局部使用。

# #Q15

## 採用玻璃做隔間，要怎麼做比較好？

以往多做為裝飾功能的玻璃材質，近年來也逐漸被用來做為空間隔間材，不論是剔透的清玻璃，又或者在表面加工過的長虹、壓花玻璃，在達成界定空間目的的同時，玻璃隔間也很容易成為空間視覺焦點，但玻璃隔間要怎麼做，做起來才會好看又安全呢？以下提供幾種玻璃安裝形式：

**·整面玻璃隔間**

也就是以整面玻璃來做隔間，適合設置在落地窗旁或採光佳的位置，來將玻璃材質提升採光的效果最大化，但缺點是不易察覺玻璃隔間存在，家中若有老人、小孩及寵物容易發生碰撞意外，較不建議這種做法，。

**·半牆玻璃隔間**

半牆玻璃隔間通常會先以木作或泥作方式搭建矮牆隔間，接著再將玻璃安裝至矮牆上，有時會採用整片玻璃，有時則會結合玻璃窗的形式，端看個人喜好規劃，這種做法的好處是，既能保留玻璃材質的通透空間感，同時也能提昇安全性。

· 玻璃隔間門

　　玻璃隔間門是較靈活的一種玻璃隔間方式，可視使用習慣選用拉門、折疊門或推門等形式，來讓空間呈現完全開放或半開放效果，也可結合木材、鐵件等材質，來讓門片更具特色，還可依據空間風格，結合格子等不同樣式，來強調空間風格。

# #Q16

## 隔間牆通常會做多厚？
## 如果不夠厚會有問題嗎？

　　隔間牆的厚度，一般而言，會依造牆體材料不同而有不同厚度，且通常是基於安全、防火、防噪等考量，而制定出的厚度基準，因此建議在合法狀況下，應依造制定基準施作，若想避免厚度佔據生活空間，則應選擇相應的隔間牆材質。

　　隔牆中最為堅固的就是磚牆及鋼筋混凝土（RC）牆，防火、耐震，隔音效果最好，一般室內隔間牆磚牆厚度為 10 ～ 12cm，室內隔間牆的鋼筋混凝土（RC）牆厚度則為 10 ～ 15cm，牆體自重偏重，需考量樓板承重，且鋼筋混凝土（RC）牆不易破壞，未來如果要更動格局，難度會比較高。

　　裝修工程中最常使用的輕隔間工法之一的木作隔間，是用角材作骨架、雙面板材結合而的牆體，厚度約在 4 ～ 8cm 左右，木作隔間隔音效果差，若想有更理想的隔音效果，要透過加厚板材厚度或加填隔音材，厚度會因此變厚，無法有效節省空間。

　　近年受到歡迎的輕隔間方式，大致有輕鋼架隔間、白磚和陶粒板，輕鋼架隔間牆厚度約 8 ～ 12cm，隔音效果優於木作隔間，防潮效果則以輕質灌漿隔間牆較優。白磚厚度分成 10cm、12.5cm 和 15cm，差別在隔音效果好壞，室內隔間建議用 12.5cm 隔音效果較佳，15cm 效果雖然更好，但牆體厚度太厚，反而會讓室內空間變得窄小。

　　陶粒板屬於水泥類預鑄材，厚度分為 8、10、12cm，可依照自身需求或抗噪程度挑選厚度。具有透光、清亮特性的玻璃建材，一般製作玻璃輕隔間約需使用厚度至少 5cm 的強化玻璃，是隔牆中最薄的輕隔間建材。

若想有一道水泥質感的牆面點綴空間，現在不需耗時費工進行泥作，使用各種替代材質便可達成設計。

空間設計暨圖片提供｜木介空間設計

# #Q17

### 想做一道清水模牆，清水模是混凝土嗎？

　　蔚為風潮的清水模，也可稱之為清水混凝土，其實就是在鋼筋混凝土灌漿拆模後，不再做過多修飾，除了保留牆面的接縫與螺栓孔洞外，僅在表面塗佈防護劑，直接以混凝土質感來作為建築素材，一般水泥牆面則多是用來做為基礎結構，最後再根據牆面貼覆面材，做後續的粉光或水泥打底等動作。

　　台灣氣候潮濕，其實並不適合清水模，且清水模工法施作難度很高，工程價格也極高。不過後來市面上研發出一種後製清水模工法，這種工法不受台灣氣候影響，比傳統清水模更節省時間、工程費用，又能改善清水模不平整、麻面、蜂窩等問題，加上牆體完成厚度只有 0.3mm，不會造成建築負擔，因此讓喜愛這種清水模的人，也能輕鬆地在室內打造出一道質樸自然的水泥牆面。

空間設計暨圖片提供｜工緒空間設計

不論採用哪種方式隔間，沒有好壞只分，只要依據個人需求，且有正確施工，選用合法建材，皆不會造成居家安全疑慮。

# #Q18  輕鋼架聽說都是用在商空，
一般居家適合輕鋼架隔間嗎？

　　台灣木工成熟，加上木素材取得容易，早期木工師傅也較多，因此過去室內興建及翻修的工程多以木作為主。不同於居家空間對於裝修用料的講究，商用空間多從施工快速、用料便宜做優先考量，像是辦公室、醫院等大型公共空間的隔間方式，則以輕鋼架隔間為主。

　　不過隨著居家空間對於甲醛、防火等要求越來越高，輕鋼架材料的普及，加上輕鋼架施工速度快，在材料或人工成本上，都比木作便宜，於是這種隔間方式便漸漸被應用在居家空間。

　　輕鋼架隔間施工方式，其實和木作隔間大同小異，皆是架構出基礎骨架再行封板，過去商用空間不注重美觀，用料比較不講究，事後也不太會再做任何美化動作，所以讓人對輕鋼架有建材裸露略顯廉價的印象，但只要正確施工，選對適當板材，並不會造成居家安全疑慮；反而主要構成的材料輕鋼架，不用擔心有木素材蟲蛀、甲醛殘留等問題。

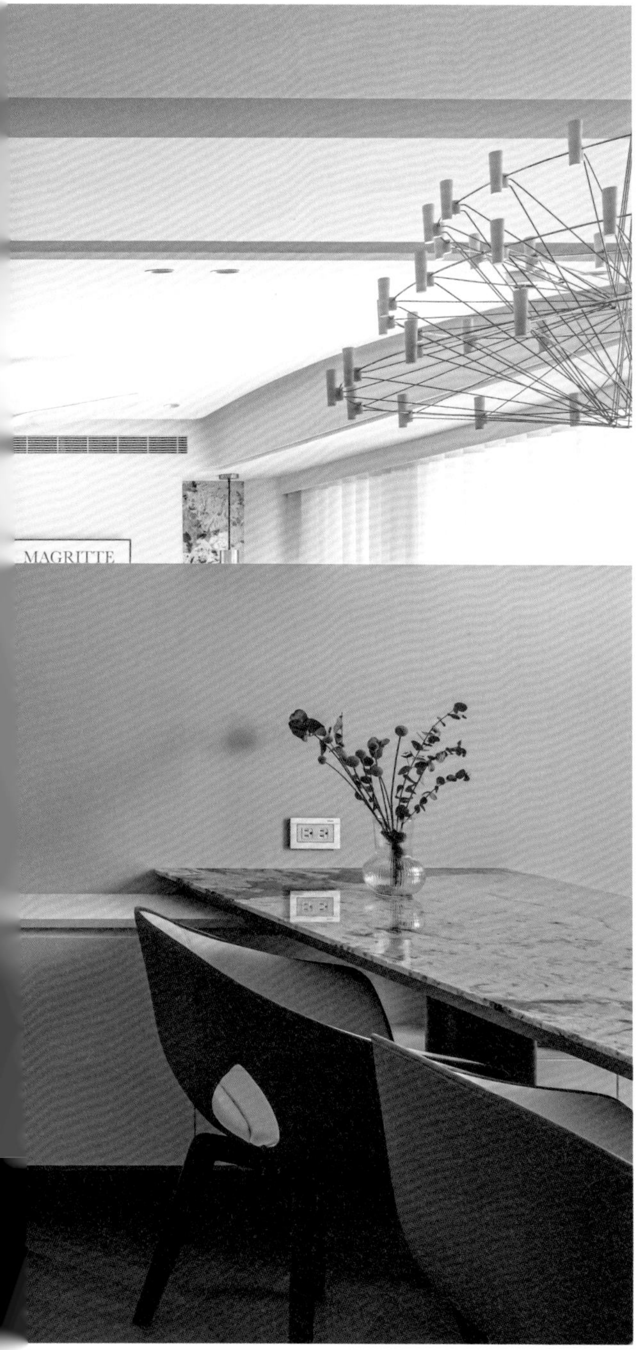


# 2 Chapter 隔間形式

# 實牆隔間

soild partition

空間設計暨圖片提供｜木介空間設計

## 隱私性較佳，挑選應著重隔音與防水性

實牆隔間最常見的隔間方式，就是水土工法施作的傳統紅磚隔間，以及施工簡單快速的輕隔間。雖說現在住宅空間越住越小，但像是浴室、臥房大多還是採用實牆隔間，來獲得更高的隱私與獨立性，只是現在在裝修趨勢多以輕隔間取代磚牆，藉由減少牆體自重，來避免對建築載重造成負擔。通常用水區域不適用輕隔間，但若仍想採用輕隔間方式來隔出浴室，則務必注意不同輕隔間的特性與使用要點，如白磚牆和乾式輕鋼架隔間，防水效果較差，不適合用於潮濕區域。

攝影｜葉勇宏

# 土水隔間（紅磚與RC牆）

**優點**
· 屬於堅固的建築材料，讓結構更加穩固
· 具有良好的防火性能，可提高安全性
· 密實的結構特性，能有效達到隔音效果

**缺點**
· 重量較重，對建築結構易造成負擔
· 施工時間較長，人工與裝修成本相對也高
· 由於材料特性，耐震度差，反而會增加結構損壞風險

　　RC 牆為鋼筋混凝土材質，大多用於建築的內外牆，較少作為室內裝修的隔間，特性是耐震、耐燃且隔音，不過施工方式需拆卸模板，耗費時間長且費用高。紅磚更泥土燒製而成，具優越的強度與堅固性，是承重牆主要材質之一，早期較常使用於室內隔間，若為非承重性的隔間牆，通常會使用 1/2B 磚牆（厚度約 11cm）。

　　單就材料來說，紅磚價格便宜，缺點是紅磚隔間在施工過程中需先將紅磚澆水、攪拌水泥砂漿，一來造成工地現場髒亂，再者也會拉長施工時間、提高人力成本。除此之外，紅磚疊砌的工序與放樣精準度、牆面水平與垂直準確性等考驗師傅功力，後續還得視牆體表面想呈現的效果，進行不同的工序，例如若要粉刷就得將牆面粉光，貼磁磚的話必須再經過粗胚打底工程。

　　另一方面，紅磚如果疊砌成整面隔間，其重量對建築樓板載重是負擔，因此越來越多室內裝修選擇以輕質隔間牆取代紅磚。然而像是重新增建浴室空間時，多半還是會選擇紅磚來施作隔間牆，畢竟相較其他輕隔間來說，紅磚有相當密實的結構特性，可有效隔音，減少室內外噪音穿透，提供寧靜的生活環境，其次，也具有良好的防火性能。

# 輕隔間

**優點**
· 輕量建材，減輕建築結構的重量負擔
· 施工速度快，易於加工和安裝
· 節能環保，如石膏板、輕鋼架為可回收材料

**缺點**
· 隔音效果相對沒有磚牆來得好
· 結構強度較低，如輕鋼架或木作隔間，板材要強化才能釘掛重物
· 部分材質防潮性較差，如石膏磚牆、多孔紅磚牆

　　早期隔間最常見的材料不外乎是紅磚，優點是結構堅固、隔音效果優異，也具有長久耐用的特點，因此長期成為隔間建材首選。然而紅磚隔間施工過程費工費時，且重量相對較重，近幾年考量高樓層建築負重安全問題，為了避免結構安全潛在影響，室內裝修的隔間牆已經轉變為採用質輕的輕隔間牆，這樣的轉變不僅可以有效降低建築的總體重量，同時也提供更可靠的安全性。在地震來臨時，輕隔間的結構能夠更好地吸收和分散力量，從而減少牆體崩塌風險，進而降低人員受傷可能性。另外輕隔間最大的優勢就是施工速度快，大幅降低人力成本，日後拆卸變動也更為方便，因此逐漸成為當今隔間的主流。

　　輕隔間種類包含以下幾種：輕鋼架、木作隔間牆、白磚牆、石膏磚牆、陶粒板。首先，輕鋼架隔間又可分為乾式和濕式施工方式，濕式輕鋼架隔間最後會灌注輕質混凝土在板材內，隔間效果較佳。乾式輕鋼架施工作法與濕式大同小異，差別在於板材內部是填充吸音棉，木作隔間牆，簡單來說就是以木作角料當作主要隔間結構，最後在前後兩面都封上矽酸鈣板或石膏板、纖維水泥板，工期短、但隔音效果差。

　　白磚牆則是由高溫高壓淬鍊而成的輕質磚，又稱 ALC 輕質混凝土板，重量只有傳統紅磚的 1/4，而且施工並不需要水泥砂漿，只需要使用專門的黏著材料，施工速度快又能減輕建築物的載重，也因為因為 ALC 白磚具有獨特的氣孔結構，可以有效阻隔溫度傳遞也有極佳的防火性。

空間設計暨圖片提供｜木介空間設計

　　第四種輕隔間石膏磚，為經過歐盟認證的環保綠建材，優勢包括輕巧，僅為紅磚的一半重量，同時具有調節濕氣、防潮和防火效果。相較於白磚，石膏磚在隔音和吊掛重物方面更具優勢，且相對較少出現紅磚、白磚牆常見的龜裂問題。石膏磚又可分為實心和空心兩種，其中空心石膏磚的隔音效果更佳，同時具有保溫特性，有助於節省冷氣和暖氣的用電。不管是實心還是空心石膏磚，完成後都可直接進行防水處理或塗裝，適用於浴室隔間，且施工速度相對較快。

　　而陶粒板牆，結合陶粒、發泡水泥，形成環保隔間材質，具有防火、隔熱、保溫、質量輕、耐震性強、吸音、防潮、施工快速、承重力佳等優點，且表面平整可直接貼磁磚。再者，陶粒板牆的厚度僅有磚牆的 1/3 左右，作為隔間材料還能爭取空間坪效。

彈性隔間
adjustable partition

空間設計暨圖片提供｜合砌設計

提升空間開闊性，
促進通風與採光

　　過去住宅空間多是以實牆來隔出不同使用空間，但卻也讓空間越隔越小，為了保有空間完整性，又達到隔間目的，於是有了彈性隔間形式。彈性隔間指的是不用實牆隔間，而是採用如半牆、推拉門等方式界定生活區域，這種隔間方式多運用在公共區域，優勢在於空間運用的彈性與多變性，如推拉門、摺疊門都能依據居住者需求或生活習慣改變配置，達到最佳的空間利用效果。除此之外，彈性隔間更能創造開放開闊的空間尺度，也能為居家帶來良好的通風與採光。

空間設計暨圖片提供｜木介空間設計

# 半牆隔間

**優點**
・保有隱私又能讓讓空間通透寬敞
・有助於光線與空氣流通
・可結合桌面或收納機能，提高空間效益

**缺點**
・須考量場域之間的隱私關係
・半開放式高度，無法提供足夠的隔音效果
・無法機動靈活地調整家具擺設的位置

　　對於小坪數和公共領域空間有限的居家，很適合利用半牆隔間設計劃分場域、切分動線，同時又能提供良好的採光和通風效果。近年來最常見的半牆隔間，莫過於在客廳規劃半高電視牆，打破傳統電視牆必須以牆而設的觀念，如果再搭配可旋轉式機能設計，即可創造出靈活機動的生活型態，甚至還能結合桌面、櫃體，延伸更多元的機能。不僅如此，餐廚間也很適合以半牆隔間打造，例如採用雙面半高櫃設計，一側可為餐櫃或吧檯、展示牆，一側又能當作廚房電器櫃，同時可維持家人間的互動，升級坪效與空間感。

　　除了公共領域，衛浴空間也可以設計半牆隔間區分乾、濕區域，半牆上方結合玻璃材質，既可界定功能，更提升小浴室的開闊延伸性。不過規劃半牆隔間時，要特別留意高度的設定，如果是作為電視主牆使用，考量人體坐姿和觀賞角度，建議高度可拿捏在 90 ～ 100cm 左右，但假如是規劃成為客廳、書房之間的半牆，多半是為了整合書桌，此時高度反而可以稍微提高到 110cm，一來還能遮擋桌面文具物品。轉換到餐廚之間的半牆規劃，通常是整合吧檯、家電櫃體，因此高度一般來說會設定到120cm。

# 推拉門

**優點**
· 左右滑動開啟，使用上方便
· 可穿透，空間視覺感開闊
· 空間運用更具彈性與變化

**缺點**
· 橫向門片滑動，需有一個固定門片寬度佔據空間
· 隔絕噪音的效果有限
· 落地軌道容易卡灰塵，清潔較不易

推拉門是一種利用軌道和滑輪等五金構成，以左右橫向移動開啟的門片形式，為近年來居家裝潢常見的設計之一，它的優點是相較於一般平開門片必須有一個開門的迴旋半徑，但是推拉門只需要水平橫向滑動，且完全不需要把手輔助，使用上非常簡單、方便，相對於一般門片，具有節省空間、達到省坪效的優勢。其次，使用推拉門作為隔間，可以同時劃分場域屬性用途，亦能讓空間呈現完全開放，營造寬闊延伸的視覺感受，並且保有光線的通透性。

推拉門隔間常見的幾種設計方式，首先不外乎是廚房區域採用玻璃推拉門，既可以避免料理油煙逸散到公共領域，再加上還能與其他空間維持互動，特別對於照料孩子而言更是實用，更重要的是，完全不會阻擋採光。另外，就算沒有料理的時候，把推拉門片開啟，公領域之間的流動性、寬闊性立即恢復。其次是毗鄰客廳的一房，通常會選擇拆除實牆隔間，將兩側皆改為玻璃推拉門作為最佳取代，特別適合小坪數空間，平常可維持開啟狀態，空間尺度瞬間放大。再者如臥室內所規劃的更衣間，也很適合採用拉門取代平開門，既可以減少推門所需要的迴旋空間，在於空間視覺的表現上，若採用玻璃橫拉門，也能營造通透、無壓的效果。

在推拉門的材質選擇上，最受歡迎的莫過於各種玻璃：清玻璃、霧面玻璃、長虹玻璃、小冰柱玻璃等等，可保留最大限度的光線以及輕盈視感，當然在設計時，也可以利用兩種以上的玻璃搭配，讓推拉門片產生豐富的視覺層次感，無形中成為居家立面的風景。

空間設計暨圖片提供 | 日居室內裝修設計

　　此外，若空間需要相對較高的隱私性，像是工作室、客房等，則建議選用木作拉門。推拉門的形式則包括平貼式、隱藏式、連動式，平貼式為一般最普遍的橫拉門設計，舉二個門片構成的橫拉門為例，其中一個門片會固定出現在空間的外側，這種的安裝和維修是最簡單的，隱藏式橫拉門則是開啟後，可以把門片隱藏在牆壁之間的縫隙，以視覺美觀度來說此種為佳，然而牆面必須要有一定的厚度才行，不過萬一日後滑軌出現問題的話，維修上較麻煩。

　　最後一種連動式橫拉門，通常比較適合大坪數空間，橫向滑動時、門片會一片片連動，但最後收在一起的時候，門片厚度也會比較厚。至於橫拉門的軌道，同樣區分為落地式和懸吊式軌道，落地式軌道須留意地板與天花板的平整性，懸吊式軌道則需確認天花板及牆面的承重力。

# 摺疊門

**優點**
· 透光感的折疊門，能有效提升室內採光
· 靈活的收摺彈性，可以輕鬆讓空間變成獨立或開放
· 展開後能創造寬敞的生活尺度，提升室內通風性

**缺點**
· 若僅有天花懸吊軌道，需考量載重問題
· 密閉性比較差，無法擁有良好的隔音
· 對五金的要求較高，施作安裝需審慎挑選

　　摺疊門的功能其實與推拉門大同小異，不過使用五金與結構上較為複雜一些，摺疊門是透過軌道、鉸鏈，將多片門扇組合在一起，使用時最大的特色就是可以把門片收疊在單邊，讓空間的通透性、寬闊性達到最大化，相對也較不佔空間，很適合小坪數使用。不僅如此，當摺疊門收到側邊之後，還可以最大限度地引入光線，提升室內的明亮度，同時帶來良好的通風，讓居住環境更為舒適宜人。

　　摺疊門的運用常見於公共場域劃分空間與調整區域功能的選擇，也能根據需求訂製需要的厚度與收摺門片數量。例如：半開放式廚房以摺疊門阻擋油煙，同時又能保有開放、流暢的視野延伸；兼具書房、客房等功能為主的休憩區域，可依據需求彈性化分隔空間用途，甚至於主臥房裡也可以使用摺疊門作為衣櫃的輕隔間，如此一來，無需太大的空間就能創造出走入式更衣間的效果。然而在設計摺疊門的時候，務必考慮門片開啟的方式以及打開時所需要的動線，避免受到周圍家具或是櫃體的干擾。

　　其次是摺疊門的材質與五金軌道選擇，取決於希望場域的開放程度，或是劃分空間的需求性有多高，一般來說如果是作為開放、彈性的使用，且希望維持視覺的穿透感，最常使用金屬外框搭配玻璃材質，而玻璃又可選擇清玻璃（全通透）、長虹玻璃（帶有些許隱蔽性）、霧面玻璃（遮蔽性最佳但又能保有光線通透）等，或是在玻璃門扇上加裝捲簾，甚至門片設計也可以搭配不同的玻璃。

　　倘若想要更高的隱私性，也希望門片收闔後擁有較為獨立、封閉的空間感，那麼不妨使用木作框配上板材貼皮的全木質門扇，亦可營造溫暖舒適氛圍。至於摺疊門的五金、軌道，包含懸吊式與上下軌道，懸吊式的好處是地板不用預埋軌道，視覺上更

空間設計暨圖片提供｜木介空間設計

簡潔俐落，同時達成無障礙設計，但必須注意門片的材質，以及天花板的承重力，若為上下軌道，也須留意水平與垂直，加上鉸鏈安裝位置與深度也得確實，避免無法順利開闔，或是門扇縫隙過大。

除此之外，如果家有幼兒擔心使用上的安全，摺疊門的門扇之間可採用加寬的矽橡膠密封條，即可避免夾手，想要讓門片可以固定在單一側的話，亦可搭配插銷輔助。

# 開放式格局 open concept

空間設計暨圖片提供｜工緒空間設計

## 提升住宅空間的採光度和空間感

　　隨著生活型態的改變，家的功能不只是睡覺、休憩，更是一家人相處、聯繫感情的重要場域，然而傳統制式的隔間形式，無法滿足這種需求，且易於將空間切割得過於零碎，讓人有狹隘感受。於是因應空間需求的轉變，便有了彈性隔間和開放式格局這種較為靈活區隔空間的形式，其中開放式格局最能保有空間完整性，並製造出敞朗開闊感，且只要善用家具擺設、材質應用等方式，就能隱性界定不同場域，不用擔心少了實體隔牆，空間少了內外層次。

空間設計暨圖片提供｜大見室所設計工作室

**優點**
· 款式很多，容易挑選
· 可維持居家空間完整開放感
· 不需施工，不會增加施工費用

**缺點**
· 界線模糊，不易區隔出場域
· 若沒搭配好，容易讓空間看起雜亂
· 家具價差大，較難控制預算

# 家具擺設隱形分界

　　居家空間採開放式格局規劃，在歐美國家較為盛行，近年台灣家庭結構改變，多是人口簡單的小家庭，加上台灣住宅空間越來越小，這種源自歐美的開放式格局規劃才慢慢成為一種趨勢。開放式格局可讓空間最大化，但卻無法像實牆隔一樣，很明確地區隔出客廳、廚房、餐廳等區域，那麼開放式格局要怎麼出空間界定？最簡單的方式，就是透過家具的擺設。不過，利用家具擺設分界畢竟不若實牆來得明確，怎麼做出界定，大致有以下幾個重點。

## · 以顏色做區隔

　　顏色是最能刺激視覺的一種元素，挑選家具時不妨在色彩上用點心，利用色彩引導視線，讓空間有主副區隔，不過顏色不宜過多，為了視覺的和諧，可選用同色調，再利用深淺做出層次變化，比較重要的空間像是客廳的沙發、單椅，則可採用對比配色，來製造跳色效果，讓空間有聚焦效果。

## · 選用有份量感的家具

　　依據坪數大小，在家具的選用上原則略有不同，但唯一相通的就是要配置一個較具份量感的家具，來讓整個空間更顯沉穩，尤其是小坪數，大多會選用外型輕巧的家具，雖說可避免壓迫、沉重感，但若都是輕巧款式，空間難免缺少重心；配置家具時，可在家中重視或常用的空間，配置一個較有份量感的家具，像是沙發、餐桌、單人沙發等，藉此聚焦視線，讓該空間成為視覺重心，從而讓空間更具層次感。

# 利用高低差分界

空間設計暨圖片提供 | 構設計

**優點**
· 維持寬敞尺度，又能明確做出空間區隔
· 若高度適合，可增添收納
· 空間使用更有彈性

**缺點**
· 地坪有高低落差，不利於行走
· 增加收納規劃，可能增加費用
· 架高高度若沒規劃好，反而難用

　　規劃開放式格局，雖然有放大空間效果，但缺點就是空間界定不夠明確，如何讓空間既能保留其完整性，又明顯做出分界呢？此時不妨可以利用地坪的高低差來做出場域界定。這種設計最常見運用在小坪數挑高樓層，藉由樓高優勢，讓樓板交叉錯落分配，樓板高低不一便可順勢確保各區域的獨立性，同時又能保留空間完整，不至於因為實牆隔間影響到空間感與採光。不過，這種做法要注意樓板高度，高度至少要留有讓人可站立的 140cm 高，才不會有壓迫感。

　　除了挑高夾層做法，一般住宅空間也會採用架高地坪方式來劃分場域，最常見做法就是和室設計，架高高度通常落在 40 ～ 60cm，高度足以做為收納空間，因此通常會一併規劃收納；若不想做和室，可選擇採用踏階設計，高度約 5 ～ 15cm 左右，雖不像和室功能多，但可適度做出空間區隔並美化空間；如果想有收納機能，又不想做和室，可選擇架高 25 ～ 35cm 就好，足以界定場域，也適合做成收納空間；架高高度不同，便會賦予空間不同特性，因此可視想呈現空間效果做選擇。

　　不過，架高地坪雖有保留空間完整與界定空間優點，但地坪有高有低，行走時難免要特別留意，家中如果有長輩或小孩，可能要考量是否採用這種設計，或者在最初規劃時，也要做一些相應的安全設計。

以材質做界定

空間設計暨圖片提供｜構設計

**優點**
· 可維持空間開放感
· 藉由材質豐富空間元素
· 地坪沒有落差，不妨礙行走

**缺點**
· 收邊若沒做好，看起來較不美觀
· 施工可能變複雜，增加施工難度或費用
· 有些收邊方式可能讓地坪出現高低差

　　開放式空間的最大優點就是具有開放感，為了維持這種開放格，又要低調區隔空間，也可選擇在地坪使用不同材質來界定場域。不過利用相異材質來區隔空間，要注意材質的挑選與搭配，因為地板是居家空間建材使用最大面積的區域，挑選搭配得好，除了界定功能，還可以讓空間風格更加分。

　　在挑選地坪材質時，可先從空間功能來做為挑選基準，像是廚房、玄關，這類易髒污的區域，在材質選擇上，最好採用好清理的建材，至於客廳，則是一家人團聚讓人放鬆的場域，則可視個人喜好與空間風格來做挑選。

　　選好建材種類，再進一步從色彩、圖案來做搭配，想呈現柔和視覺效果，可選相近色調，顏色相近再藉由表面不同紋理，低調做出區隔，若想製造驚豔效果，可在如玄關這種小範圍區域，做一些顏色或圖案的活潑變化，達到點綴效果即可，比較不建議在客廳這種比較大的空間，採用顏色或圖案過於強烈的建材，視覺上容易看起來雜亂，讓人感覺無法放鬆安心。

　　地坪選採用相異材質，除了美感上的搭配之外，在工法上則要特別注意不同材質間的收邊，一般多會採用收邊條，若想讓視覺看起來更美觀，有不同收邊方式，可視個人喜好與預算考量，選擇適合的收邊方式。

實例應用

空間設計暨圖片提供｜工緒空間設計

空間設計暨圖片提供｜大見室所設計工作室

### 鐵件屏風櫃引光穿梭客餐區

這是一棟透天格局的建築，其中一樓主要配置有客廳與餐廚區，為了區分出更完整而明確的格局，同時也化解客廳正對廚房後窗的穿堂格局，在中間量身訂製一座鐵件展示屏風櫃，帶有深度的屏櫃讓視線更顯若隱若現，使半遮掩視線與流洩的光影更能襯顯白色空間的中性低調，讓現代簡約客餐廳更添優雅氣質。

### 半高隔櫃機能、動線兩相益

造型方正的半高隔櫃立於公共區中，155cm 的高度，一來可分割客、餐廳使機能獨立又不顯閉塞；二來迴圈動線也有利日常進出，令各區銜接更流暢。40cm 的深度，既能暗藏線路、讓櫃體雙面利用；同時還可烘托出石材厚實感，讓這定著的隔間牆成為顏值與功能俱佳的空間焦點。

### 多元隔間牆櫃圍塑餐、書區

屋主希望餐廳平時也可作為閱讀與工作區，因此將與大門之間的隔間牆改採以半開放的牆櫃設計來遮蔽玄關視線，這樣能讓空間能更安定又不至於太過封閉，而這看似屏風的隔間其實也是玄關收納櫃，可同時滿足兩區空間的需求。另外，在餐桌周圍還設有 L 型書牆與餐櫃，不同面向與功能的隔間牆櫃也為閱讀區提供更多元機能。

空間設計暨圖片提供｜生活砌劃 -Life Inspired

空間設計暨圖片提供｜構設計

空間設計暨圖片提供｜大見室所設計工作室

### 纖薄手感牆圍塑人文品味

全室採用米灰色調的天然塗料漆刷出低調質感牆，並藉由隔間牆的
手感紋理與木質地板、布面質感床架等溫潤材質相互揉合，營造出
自然而具人文感的紓壓睡眠空間。尤其睡眠區與相鄰更衣間之間的
隔間牆，採用了纖薄的拉門取代扇門設計，輕量化隔間厚度，宛如
精品般的俐落線條與氛圍更能搭襯屋主品味。

### 媽媽煮菜不孤單的透明拉門

屋主因為不想讓媽媽一個人關在廚房料理工作，決定將原本實牆隔開的廚房，改成鐵件造型的玻璃拉門隔間，以便增加家人之間的互動。而平日沒有煮菜時，也可以將拉門打開，讓家人、訪客都可以自由穿梭於客、餐廳與廚房之間，這樣就算客人多也不怕擁擠。

### 霧玻拉門讓日式風韻更溫柔

案例住家以柔和的淺木色系為主，且書房地面材質選用塌塌米，使整體空間洋溢著和風，故側邊入口以霧面強化玻璃拉門作為隔間，透光之餘亦可兼顧隱私與清潔便利。而單扇 75cm 寬的門片尺寸，則讓視覺比例更修長，收合後亦能讓書房入口更開闊。

空間設計暨圖片提供｜工緒空間設計

空間設計暨圖片提供｜合砌設計

空間設計暨圖片提供｜日居室內裝修設計

## 半牆設計滿足電視櫃、餐桌擺設與電器櫃

僅有一房的小宅，公共領域捨棄實牆隔間，餐廚與客廳之間採用半
高電視牆劃設，讓每個角落的視線都能保有穿透性。半高電視牆同
時還為廚房增設電器櫃、檯面用途，而半牆高度取決於電器櫃高
度，設定約110cm，以便能遮擋家電，另一側的半牆則可倚靠餐桌，
保留走道動線的舒適性。

### 以無縫灰底昇華居家時尚

以「Japandi」為核心風格，將北歐美型實用主義及侘寂簡樸優雅融合。全室採無縫地坪降低線條干擾，此外，屋內倒角都處理成一致的 R20，搭配呼應的圓弧類軟裝與燈飾，統合整體氛圍。主牆以灰色特殊漆搭配彩色水磨石營造自然，輔以木皮壁板與綠植烘托，閒適又時尚的風韻便怡然施展開來。

### 玻璃拉門讓圓弧和室更 CHILL

為了讓透天的老宅有新的樣貌與活力，除了在外觀上採用 STO 外牆塗料來營造素顏卻優雅的新貌，在室內的牆面則運用夾板染色作為重建隔間的主要建材，特別在走道轉角以木作作導圓處理，打造出曲線的柔美格局，搭配長虹玻璃拉門則直接化解封閉感，讓沒有對外窗的休閒和室也能更紓壓。

空間設計暨圖片提供｜大見室所設計工作室

空間設計暨圖片提供｜合砌設計

## 用滑軌櫃「變出」＋1房

案例空間藉由一座厚度 40cm 的滑軌櫃作為客廳投影牆，看似平凡的牆面卻暗藏玄機。沿著上方軌道將牆往沙發方向推進，軌道設有卡榫，至固定距離時即自動停住。接著拉下隱身於牆壁的床架，從投影牆收納櫃拿出寢具，立即完成一個可休憩的空間。最後從左側牆面將門板拉出，並從內側將門鎖上，立即打造出一個獨立房間。

## 木作搭玻璃順動線、迎採光

廚房區鄰近玄關，為能兼顧兩區機能與動線，刻意利用木作延展了牆面距離，使收納櫃與穿鞋椅能整併在一起；同時又可將廚房轉化成二字型的格局，增加了便餐台的空間。櫃牆轉角鑲嵌細條狀的長虹玻璃拉高視覺，同時又可滲透公共區的光線入玄關，讓空間更俐落有型。

空間設計暨圖片提供｜工緒空間設計

空間設計暨圖片提供｜日居室內裝修設計

空間設計暨圖片提供｜生活砌劃 -Life Inspired

### 床頭板美背收納、隔開雜亂

主臥床位採取四面均不靠牆的安床設計，除了能建立起更自由的雙側上下床動線外，在床頭部分加建半高床頭板設計，大小合身的床頭板沒有太大壓力感、又可讓床位更具穩定感，同時床頭板後方被設計成美背式展示櫃，既能增加收納機能，同時也遮掩了通往更衣室與房門口的動線雜亂景象，讓睡眠視野更清爽、少干擾。

### 半高電視牆整合吧檯與矮櫃

21 坪的老屋改造，利用客廳面對廊道的空間，規劃一道半高電視牆，保留採光穿透之外，也讓視覺有延伸放大效果，電視牆不僅兼具有隔間牆功能，在另一側更包含吧檯與矮櫃、陳列平台，增補備餐平台或是收納杯盤等使用，且動線接續著餐桌，使用更為流暢。

### 彈性拉門盡顯鋼琴房的優雅

屋主一直很煩惱，40 坪的房子裡如何規劃出一間琴房，好擺進心愛的巨大鋼琴呢？為了讓鋼琴房能擁有更開闊的視野，設計師特別採用斜向設計的鐵件玻璃拉門，藉此加大了門寬外，也讓玄關與客廳進入私領域的動線更寬敞。另外，可完全收起的彈性拉門隔間，也讓賓客入門的第一視線就能看到美麗的鋼琴。

空間設計暨圖片提供｜構設計

空間設計暨圖片提供｜工緒空間設計

### 雙開玻璃門令場域更輕透靈活

原為主臥的書房，利用雙開式清玻拉門將原本被實牆阻隔的自然光援引進客廳，讓整個公共區的明亮感大幅提升。雙開搭配懸吊上軌的規畫手法，使區域地界能串聯一氣，快速釋放出大面積活動範圍。依天花補強的方式讓日後可以鎖上窗簾，亦能因應日後強化隱私性需求。

### 利用半高牆設計，創造多重機能

小空間以實牆隔間，不只空間變狹隘，還容易有壓迫感，因此在規劃出生活動線後，公領域採半高牆設計來界定空間，牆面做至約 140 ～ 150cm 高，既沒有實牆隔間封閉感，也滿足屋主隱私需求，另一面則順勢做為電視牆；中島平台另外規劃約 100 ～ 120cm 高台，來隱藏碎瑣的生活小物及電源插座，讓小空間看起來更清爽俐落。

空間設計暨圖片提供｜拾隅設計

空間設計暨圖片提供｜拾隅設計

**隱形界定維持空間寬闊舒適感**

屋主喜好簡潔、開闊空間感，因此一開始便盡可能捨棄實牆隔間，以開放式
隔局來規劃空間，在需要區界定出不同場域時，便以不同地坪、天花材質做
出隱形界定，接著再統一使用相近的灰色調材質，來達成視覺上的和諧；玄
關規劃高櫃滿足收納，同時讓進出之間有緩衝空間，櫃體不做到頂，並在底
部加入玻璃材質，淡化高櫃壓迫感，讓櫃體更顯輕巧。

空間設計暨圖片提供 | 工緒空間設計

通往二樓的結構實牆短窄亦無法更動，故利用黑鐵格柵延展、隱蔽樓梯、定位主牆，並透視後方照片牆，兼顧開闊與造型感。

# #Q1

### 想重新設計格局，
### 但聽說有些牆不能拆，是真的嗎？

　　築牆體類型大致可區分成：剪力牆、承重牆、隔間牆三種。剪力牆主要是用來承受地震中的水平力，可簡單理解為耐震牆，多為 RC 結構，而承重牆就是跟樑柱一起承受建築物的垂直載重，所以跟剪力牆一樣屬於結構體的一部分，皆有承重作用，不建議拆除。就位置上來判斷的話，例如大樑下的牆，和隔壁鄰居共用的分戶牆，或是有垂直管道間且上下貫通的廁所牆體等。

　　室內隔間牆沒有結構作用，主要作為空間分隔。種類上多使用濕式土水（磚牆），或輕隔間施工等方式。牆體厚度最容易判別的的方式，隔間磚牆厚度多為 10～12 cm；若是輕隔間，如輕鋼構、木作這類，牆厚則約在 8～10 cm 左右。如果丈量尺寸在 20～24 cm 以上，又是 RC 結構的話，就屬結構牆不能拆。此外，室內和陽台間的短牆雖然看起來可拆除，但其屬於「配重牆」，具有穩定外挑陽台的作用，如果非要拆除，務必做好結構補強的動作，方能提升居住安全。

空間設計暨圖片提供｜工緒空間設計

粗糙的牆面搭配布質家具、家飾或是善用木質纖維多孔特性，都能在空間中減少聲音的反射，進而達到降噪目的。

# #Q2

若想提升彈性隔間牆隔音效果，在材質或比例拿捏上應該怎麼做比較好？

以半窗、推拉門片或摺疊門來增加應用靈活度是設計常用手法，基本上也能達到60%～70%的隔音功效。但如果是對聲音干擾敏感的人，就須事前在周邊環境做好配套規畫。想有效降噪，就得先了解隔音、吸音的差異：隔音是為了阻絕聲音穿透，當場域中的孔隙越多就會越吵；吸音則是為了避免聲音反射所產生的回音，一般是為了聆聽感受。先了解兩者的區別，才能在規劃時兼顧預算與實用。

強化隔音可從四大方向著手：

1.增加隔音材料質量：質量越大、密度越高的材料隔音效果越佳，所以彈性區保留較多水泥牆比例，或是將門板材質加厚皆可。

2.增加隔音材料阻隔效果：可運用吸音棉、隔音毯製作隔音牆，或在門縫、窗縫處加貼氣密條。

3.使隔音材料分離：例如，矽酸鈣板安裝時在天、壁之間多會保留一定的距離，能有效減少聲音傳導。

4.增加隔音材料吸音能力：可選擇文化石、珪藻土這類粗糙牆面。或善用木質地板纖維多孔特質，搭配地毯、窗簾等布料搭配，亦能減少聲音反射降噪。

空間設計暨圖片提供｜拾隅設計

半高牆能同時達成劃分界線、管線
隱藏、統整收納、順暢動線等多種
需求，故能成為空間規劃時的一大
利器。

# #Q3

以固定式半高矮牆來區隔空間時，
是否要因應區域不同而有高度、厚度、材質等
設計落差？如有差異，各自施工重點為何？

　　以「穿透」來製造室內空間的開闊感已成為裝修常識，除了全開放設計跟玻璃隔間的應用外，增設固定式的半高矮牆、矮櫃也是常見手法。半高屏障的優點在於保留了類似實牆的穩定感，同時又能藉著半遮蔽的視覺效果創造場域遞進層次，讓機能實用與設計美感並行不悖。

　　半高牆最頻繁應用的區域當屬公共區。舉例來說，若作為客廳電視主牆，可偕同相鄰餐區一併考慮製成雙向利用的收納牆櫃；此時若是再搭配迴圈動線，因為櫃體單獨矗立於場域中，所以表面飾材及高度、厚度就不可過於單薄，方能凸顯主題牆氣勢。抑或是當書房與客廳接壤時，多半會希望正前方可以穿透並直接看到電視，所以牆面高度可設定在 75cm 左右，厚度可抓 7 至 10cm，讓 3C 設備的走線更完善、乾淨。

　　總結來說，半高牆最顯著的目的還是在劃分區域界線，順勢處理管線隱藏與收納需求，只要能掌握住這個核心概念，在規劃時就能更精確地把控預算與選材。

空間設計暨圖片提供｜工緒空間設計

玻璃材運用並沒有一定原則，可依
照坪數大小與設計目的來選配款式，
同時要注意承重力與碎裂問題方能
保障安全。

# #Q4

**在隔牆內加入玻璃是常見手法，
但要如何評估使用的玻璃材是否合宜？**

　　在 15 坪以下的小宅案例中，使用玻璃絕大多數情況都是為了減低該空間的狹隘
感，因為視覺穿透會讓量體狹隘感下降，所以常見採用穿透效果最好的清玻璃。款式
上可採用強化玻璃，因經熱壓縮處理強度更強，碎裂時會呈現細小的鈍角碎片，安全
性更高，但若有細小裂痕就容易導致整面玻璃碎裂。

　　在 15 坪以上～ 50 坪的案例中，玻璃更多使用在導入光線、滿足遮擋但又不封閉
的目的，所以玻璃磚、有造型的玻璃就可以列為運用範圍。不過玻璃磚本身並不具備
承重功能，需得搭配鋼條或專用配件強化；且磚牆需要抹縫也較平面玻璃容易積塵。

　　在 50 坪以上的案例中，開始會遇到較大的寬幅，例如老屋翻新中，景觀窗、落地
窗的重建，才會開始遇到窗戶寬幅與窗框支撐力的問題，可以運用複層玻璃〈中空玻
璃〉，讓寬幅增加的同時不會有過多的翹曲產生，也可以運用窗框的特殊製程，讓寬
幅增加卻不會歪斜或垂墜產生，並達到保溫、防噪或結露等目的。

圖片提供│捷安傢飾

推拉門形式的彈性隔間造型簡潔大
方,且材質選擇也具多樣性,對於
居家空間的機能升級與彈性應用是
好幫手。

# #Q5

**推拉門隔間簡潔大方,設計時有牆面尺寸的限制嗎?又有哪些材質可以挑選?**

橫向開闔的推拉門由於門片幅寬確定,規劃時至少需要預留一扇門片的寬度收納,否則會占用過道空間。推拉門寬度的限制取決於兩個面向,一個是五金吊軌,其任務是載重力,一個是門的材質,其任務是會不會產生翹曲,以目前五金所知,寬度可以達到180cm,高度可以達到220cm。

推拉門分有落地與懸吊兩種型態。落地式若是直接安裝,就會形成一個門檻段差;若軌道用泥作開鑿內嵌於地面,在俐落感與無障礙方便性上會更佳。此外,若是遇到尺寸較小或一門到頂的門洞則可採用「幽靈門」;這種單扇滑門會將滑輪嵌至牆上,軌道則直接設於門板後,藉由門片的遮擋使其看起來就像是上下都沒有軌道。而懸吊式能免去溝槽藏汙納垢跟絆腳缺點,但上方承重結構須夠厚實,造價也會稍高。材質上以各式玻璃搭配木作或鋁、鐵為大宗;主要是因彈性隔間多半併有增引採光、減少封閉的機能需求。此外,市面上也有Polyester材質的推拉片簾功效相仿,亦可在裝修時納入考量。

空間設計暨圖片提供｜工緒空間設計

摺疊門片可收至牆側釋放開闊，且
牆面表情豐富，是彈性隔間好選擇；
不過五金品質至關重要，需慎選才
能兼顧順暢與耐用。

# #Q6

以摺疊門做彈性隔間設計，施工會很麻煩嗎？
設計時有什麼需要注意的？
與推拉門相較，誰的隔音、氣密效果更好？

　　摺疊門好處是門片可盡量收至牆側放大入口，在牆面表情上也比平面推拉門來得豐富；但因凹折門縫多，較容易有縫隙積塵、絞鍊五金用久不靈活、隔間密封性較差等問題。五金品質肩負著著門扇能否順利運作，其中日本進口五金，在壽命與承重力上都會比國產五金更持久。

　　上吊輪懸掛系統與門片鉸鍊相互搭配下帶動門扇平移，下輔助輪維持門扇穩定輕盈、不易搖晃，當門扇移動到單側或兩側時，門片的上下插銷可固定門片位置。整體施作的細節工序較拉門為多。以隔音與氣密效果來看，不論是推拉門或摺疊門，落地型效果皆會優於懸掛式，門縫多的型式隔音效果也會較差。決定採用摺疊門前，需先確認安裝位置的長寬尺寸，以目前五金的極限，單扇寬度可以達到60cm，高度可以達到220cm。幅寬較窄的門片款式，不僅適合小坪數採用，也能讓牆面有更修長細緻的視感。

圖片提供｜捷安傢飾

布片形式的隔間片簾輕巧大方，對
於想要快速安裝、省力保養的屋主
來說，是值得考慮的選擇。

# #Q7

## 隔間拉門有哪些材質？各有何優缺點？

　　隔間拉門大約可分為四大種類：以最平價的平面塑膠拉門來說，優點就是預算低廉、乾吸溼擦皆可；缺點就是質感較差、門片拉動時聲響較大。目前也有設計成壓克力孔的款式，造型感跟透光性都獲得很大改善。而隔間片簾是仿橫向推拉門樣態，材料為聚酯纖維布料＋塗佈處理，質感類似捲簾，安裝後布片交疊約 5cm，可擋大部分冷暖氣加快室溫調節；但片簾非完全密封，不適合高油煙廚房，用除塵紙清潔，可濕擦但不能水洗。兩者同樣可以 DIY 跟客製化安裝。

　　玻璃拉門通常是美感與機能改善的首選，藉由不同玻璃與各種框邊的搭配，就能變化出萬種風情，但整體成本相對高，安全層面上也隱含了爆裂風險。木拉門因為不透光，強調的是木紋自然感與室內裝潢的整體搭配；或是對於隱私性跟隔音效果較重視的族群。與前述兩種材質相較，後兩者材質的施工期較長、門片重量重，亦可能需要動到泥作，適合預算充足且工期不會太緊迫的屋主。

| | | 塑膠拉門 | 隔間片簾 | 木板拉門 | 玻璃拉門 |
|---|---|---|---|---|---|
| 費 用 | 寬 150cm<br>高 190cm 為例 | 低<br>2 千起 | 中<br>1 萬 7 起 | 高<br>1 萬 9 起 | 高<br>2 萬起 |
| 設 計 面 | 材質 | PVC | 中鋼鋼材 +<br>Polyester 布片 | 木板 | 玻璃 + 鐵件、<br>鋁合金、<br>木作邊框 |
| | 美感＋質感 | 低 | 高 | 佳 | 高 |
| | 通透感 | 依款型而定 | 佳 | 差 | 高 |
| | 樣式替換 | X | O | X | X |
| 安 裝 面 | 師傅安裝 | 可 DIY | 可 DIY | 需要 | 需要 |
| | 安裝耗時 | 1-1.5hr | 2-2.5hr | 半天～一天 | 至少半天 |
| | 加裝地軌 | 免 | 免 | 要 | 有懸吊式 |
| | 重量 | 輕 | 輕 | 重 | 重 |
| | 寬高限制 | 最寬 300cm<br>最高 390cm | 最寬 885cm<br>最高 300cm | 單片<br>最寬 122cm<br>最高 244cm | 最寬 360cm<br>最高 280cm |
| 其 他 | 炸裂風險 | 無 | 無 | 無 | 有 |
| | 清潔保養 | 乾吸濕擦皆可 | 吸塵器 | 下軌易積塵<br>忌過度潮濕 | 乾吸濕擦皆可 |

空間設計暨圖片提供｜合砌設計

懸吊門優點多多，但承重全來自於上方，一定要安裝在承重牆上，且開關時不可過度施力、拉扯才不會造成安全隱患。

# #Q8　懸吊式拉門，雖然看起來比較美，但安全嗎？家中如果有小孩的話，適合採用這種拉門嗎？

　　不論是推拉或折疊門皆可透過懸吊式手法免去地軌藏汙納垢的問題，也減少絆腳風險，除了能強化設計美感，對於簡便清理更是友善的選擇。雖說懸吊門都會搭配「下門止」來增加門片穩定度，不過在開關時仍不可過度施力、拉扯，以免門片晃動，久了還可能使五金零件鬆脫。若家中孩子較為調皮，並不是很建議。且懸吊門底部和地面會有約 1 cm 的空隙，所以隔音或氣密效果也不完全。

　　懸吊式拉門承重來自上方，所以一定要安裝在承重牆上，而能夠承載門片及五金總重量的結構，大致可分成 RC 水泥、H 型鋼或 C 型鋼（3mm 以上厚度）、角料或板材（5mm 以上厚度）三種。一般居家天花板常用的矽酸鈣板或造型木作板，對厚度及承載力皆無法達到門片承載之要求，因此需要另外加強上方結構後方可安裝。此外，越大片的懸吊門，因重量重、關門力道強，建議安裝雙向緩衝軌道，避免夾手問題。

# #Q9

**隱藏式推拉門的費用，**
**和一般推拉門差異很大嗎？**

　　居家空間若想增添使用上的彈性，或維持空間的寬闊感，推拉門設計是最常見的一種設計手法，藉由推拉門來界定、釋放空間，不只讓空間更能靈活運用，推拉門本身的造型設計，也能豐富空間原素。一般常見的推拉門大致可分成以下兩種：

## ・平貼式：

　　推拉門常見做法，門片平貼在牆面，可選擇裝設在房間的內面或外面，採用上吊滑軌或地滑軌，且門片可選用一扇或多扇來因應空間需求。整體工法較為簡單，不易出錯，唯一要注意的是，雖可省去開闔迴旋空間，但門片開啟後會占用牆面，此牆面便無法做其他用途或掛放裝飾物。

## ・隱藏式：

　　開啟後門片可完全隱藏於牆中，看不到門片，視覺上比較美觀。但暗嵌式推拉門，施工比較複雜，牆壁要有一定厚度才能施作，且後續的保養清潔較為麻煩。

　　推拉門的費用大致來說，隱藏式推拉門由於施工較為複雜且困難，費用上會高於平貼式推拉門，不過最後費用的多寡，會根據使用的五金、門片材質、門片數量而有高低落差，因此若是有費用上的考量，建議採用平貼式推拉門為佳，在五金和材質的選用上，則盡量採用國內五金與常見材質，以免最後費用過高，失去省錢目的。

空間設計暨圖片提供 | 構設計

推拉門費用主要關鍵為安裝方式和門片材質，抓準這兩個重要關鍵因素，比較不會超出預算。

空間設計暨圖片提供｜構設計

挑選推拉門時，風格，材質、安裝
方式及使用感受，都會互相影響，
因此應全面考量過，再從中選擇符
合預算與空間美感的款式。

# #Q10

## 推拉門挑選重點有哪些？

一般採用推拉門設計，大多是希望節省空間，或者是讓空間可以依據需求彈性應用，挑選時除了根據預算、空間條件來選用外，以下列出幾個挑選推拉門的重點，讓讀者可以更精準地挑對適合的推拉門。

### ・平貼、隱藏式和連動式

平貼式推拉門，主要是安裝在入口兩側牆上，安裝容易、後續清潔保養也不難，是最常見的推拉門形式，很適合希望節省空間的小坪數空間。隱藏式推拉門會收在牆裡，視覺較乾淨俐落，但牆需有一定厚度；連動式推拉門大多是用來做為取代隔牆功能目的，門片通常是三片以上，門片收起來時，有一定厚度，因此需預留收起門片的空間，適合比較寬敞的空間。

· **推拉門材質**

　　推拉門重量如果過重，使用時推拉門會不夠滑順，因此在選用材質時，材質重量建議一併列入考量，一般常見的門框質有：鋁鎂合金、塑鋼、木質等，木質門片可以為空間增添溫馨感，若想來多一些粗獷、隨興感，可選用穀倉門，鋁鎂合金、塑鋼等金屬材質，外觀上雖然較為冰冷，但在堅韌度和耐用度相對較佳。

· **滑輪質量**

　　現在居家空間越來越小，為了最大化且彈性使用空間，很常見採用推拉門來取代隔牆區隔空間，雖然使用上更靈活，但相對地拉門尺寸也會來得更高更寬，此時承載門片重量的滑輪品質就很重要，若承重力不足，久了容易變形，影響推拉效果。

· **上軌式（懸吊式）和下軌式**

　　傳統拉門一般是上下都有軌道，因為上下皆有支撐點，承重力較好，費用較低，安裝和維修也相對容易。懸吊式拉門雖然看起來會更簡潔、好看，但由於沒有地面軌道，所以穩定性較差，安裝時需特別確認採用的門片重量及軌道穩定度。

# #Q11

### 坪數不大，怎麼隔才能有書房還有客房？

　　對小坪數來說，空間已經很小，所以不太適合再做實牆隔間，把空間越隔越小，為了最大程度保留空間完整，建議除了臥房等私領域，特別獨立出來外，像是餐廚、客廳、書房等屬於公共區域，可採用較為靈活的彈性隔間來做規劃。

　　彈性隔間方式大約有半高牆、折疊門、推拉門等作法，半高牆可維持空間的通風採光，但較無法明顯獨立出一個空間，若想採用半高牆做法，又想要有獨立感，可在牆上安裝玻璃，來讓視覺穿透，維持空間開放感，可再搭配安裝百頁簾等，提昇空間隱私需求與獨立感。

　　至於折疊門或推拉門，是讓空間使用較為靈活彈性的作法，該空間可依據當下需求，隨時呈現獨立或者開放狀態，而且門片若特別經過設計，也能成為空間裡的視覺吸睛焦點。

空間設計暨圖片提供｜構設計

平常只要注意維護清潔，不只使用時會更順暢，同時也能延長推拉門使用年限。

# #Q12 推拉門雖然好用，但為什麼用久了都會出現卡卡的不好拉的問題？

　　居家空間中越來越常見使用推拉門設計，雖說占地面積小，也能讓空間更好利用，但時間久了容易會卡卡的不順暢，若是已經出現門片卡住、拉不動或不好拉的狀況，建議先檢查滑輪、軌道是否有損壞、變形，如果是滑輪損壞了，可找專業人員更換滑輪，千萬別自己拆裝。另外檢查一下軌道上是否有異物卡住，或是堆積太多灰塵污垢，影響到推拉門片時的滑順度，有的話則將雜物全部清理乾淨。

## 平常怎麼清潔保養

　　1. 推拉門的門框大都為金屬材料，用乾抹布擦拭即可，若沾水擦拭盡量擰乾，以免損壞金屬表面。

　　2. 推拉門軌道容易堆積灰塵，平時勤於清理底部軌道灰塵，邊角處則以濕抹布擦拭乾淨即可，抹布勿使用會掉毛的材質。

　　3. 平時使用注意力度，不要用力推拉門片，避免造成移門滾輪損壞，若有出現損壞情況，則應找專業維修師傅做更換。

# #Q13

## 想讓半高牆有多重功能，可以怎麼做？

　　想要讓空間看起來有開闊感，卻又希望能界定不同空間功能，很多人會選用半高矮牆的設計，而這種設計除了主要的界定功能外，其實若能發揮巧思結合其它功能，就能賦予多重功能。

### ・延伸增加桌面功能

　　最常見利用半高牆界定出客廳與書房兩個區域，而此時只要在面向書房的一側，從牆面延伸規劃出一個桌面即可，設計上一體成形，看起來更俐落，也能更融入整體空間。

### ・結合餐廚空間，多出料理吧檯

　　當半高牆設計應用在餐廚空間時，除了主要區隔空間功能外，另一個目的大多是想遮擋爐灶和雜亂的流理台面，因此高度建議可做至約 120cm 左右，如此才能達到遮擋目的，為了增添實用性，大多會選擇延著牆面規劃成雙層中島。

### ・結合櫃體設計，收納增加

　　若想提升收納量，可將半高度的隔間牆厚度加寬，背側規劃成儲物櫃或展示櫃。一般最常見一面做為客廳電視主牆，另一面則依照使用習慣和區域特性，規劃相對應收納機能。不過要注意的是，不要讓量體過於厚重，以免存在感加重，反而給空間帶來壓迫感。

半高牆另一側延伸出書桌功能，並在半高牆上加裝清透玻璃，維持開放感的同時，又能讓空間更具獨立性。

空間設計暨圖片提供｜構設計

空間設計暨圖片提供｜構設計

在結構樑柱貼覆木素材，並延伸至
牆面，不只完美解決樑柱問題，同
時也巧妙界定出客廳與休憩區兩個
區域。

# #Q14

## 除了在地坪用材質區隔空間外，
## 開放式格局還有什麼別的界定方式？

　　開放式格局最大的優勢就是沒有隔牆，讓人有一種開闊的空間感，不只是小坪數
適合，大坪數採用開放式格局規劃，更能彰顯空間的氣勢，至於沒有隔牆難以界定場
域的缺點，最常見的方式便是在地坪使用不同材質來達成界定目的。不過，若不想在
地坪大作文章，還有其它方式，也能低調地做到空間界定。

　　首先，就是天花，雖不若地坪來得明確，但藉由在天花做出如弧型、圓型等造型，
可引導聚焦視線來達到界定空間效果，或在天花運用不同材質，像是在某些區域的天
花以拼貼木素材、木格柵設計等方式，來做出明顯界線，區隔出不同空間。

　　生活中少不了燈光，燈光更是營造氛圍的主角，但其實不僅有照明功能，只要用
對了，燈光還能放大、縮小空間感受、做出空間區隔。基本上，每個空間所需的光源
不同，因此開放格局這種沒有任何隔牆的空間，便可利用埋燈、線燈等不同光源、燈
飾來明確劃分出各自場域，定義出空間功能性。

空間設計暨圖片提供｜木介空間設計

採用矮牆設計來區隔空間，讓空間
具有獨立性，同時又能不影響採光
與通風。

# #Q15     只有單面採光，怎麼規劃空間，
才不會影響採光？

　　小坪數、老屋和長型空間，最常見的空間單條件就是只有單面採光，若是採用傳統隔間方式，很容易讓居家空間變成暗室缺乏光線，為了大量引入採光面的光線，在格局規劃上會建議採用開放式格局規劃，藉由減少實牆隔間，避免光線被牆面阻擋。

　　接著再透過不同方式，來做出區域界定，首先是半牆設計，不若實牆的封閉感，這種設計既可明確區隔出空間，同時還能維持空間的採光與透通；若仍想要有更明確的隔牆，則可採用具穿透性的玻璃來做為隔牆材質，如此一來就能達到隔間功能，又能保留採光，若想要讓空間應用更靈活運，還可搭配滑門、折疊門等設計，至於隱私需求，半牆可做至約120cm，來讓提昇隱蔽性，玻璃則可選用長虹、壓花等玻璃種類，在不影響採光前提下，又能適度阻絕直視視線。

空間設計暨圖片提供｜工緒空間設計

開放式板局規劃雖可享有寬闊的空間感，但同時也有其不可避免的缺點，應視個人生活方式決定是否採用。

# #Q16　開放式格局是不是把牆打掉就好？有什麼優缺點？

　　開放式格局規劃，並不是一定要把牆都拆掉，主要是將客廳、餐廚、書房這類隱私需求比較低的空間，不做隔牆區隔，而是利用家具、門片等隔間形式，來讓空間可以更具完整性，呈現出空間寬闊感，是否一定要拆除牆面，要拆除哪道牆，則視空間規劃與需求。雖說開放式格局是現今隔間流行趨勢，但也不是所有人都適合，最好檢視自身生活方式與習慣，再決定是否採用。

### 優點 1. 優化採光、放大視野

　　少了隔間牆的阻隔，可以提升採光、視野與流通感，不用擔心光線被隔牆擋住。

### 優點 2. 促進家人交流互動

　　開放式格局方便知悉彼此動靜、增進互動聊天頻率，藉此可提升全家共處機會，有助於家庭情感凝聚。

### 優點 3. 小空間變寬闊

現在住宅空間越住越小，開放式設計可讓空間動線較為流暢，空間也能有更多元使用，有放大小坪數空間效果，因此是中小坪數裝潢主流。

### 缺點 1. 油煙味四溢

油煙四溢影響生活品質。若是下廚頻率高，或習慣中式大火快炒，則建議廚房還是以封閉式設計較為合適。

### 缺點 2. 缺乏隱私

享受開放格局的通透感，但畢竟少了隔牆，因此較無法完全保有隱私。

### 缺點 3. 噪音問題

在同一個空間活動，多少會發出聲響，雖說有人會用門片等設計來彈性獨立出空間，但隔音效果無法和實牆相比，易造成干擾。

### 缺點 4. 空間易亂難整理

所有空間可一眼望盡，若沒有做好收納，會讓人感覺雜亂。

# #Q17　喜歡開放格局，又想保留適度隔間，要怎麼做比較好？

開放式格雖然有放大空間，讓空間感覺更開闊，但裝修工程一做下去，難免讓人擔心如果日後有其它需求時，要怎麼更動格局，以下提供幾種設計，讓空間使用可以更有彈性。

・**軟性隔間**：擔心空間過於開放，一眼便可望盡，利用布簾、百頁簾等方式取代實牆隔間，需要時可迅速將不想開放的區域遮蔽。

・**半高牆或隔屏**：高牆改成矮牆，或採用隔屏設計，藉此視線可延伸至牆後方，同時又能適度遮掩不想被看到的區域。

・**穿透櫃取代隔間**：牆面改成具收納機能的牆櫃，搭配鏤空與穿透材質，讓兩側空間互通，同時又保有隱私。

空間設計暨圖片提供｜大見室所設計工作室

3

動
線
設
計

動線規劃原則 flow rule

空間設計暨圖片提供｜大見室所設計工作室

## 動線是串聯、延伸與擴張

　　想為家裡重新規劃裝修時，多數人會先考慮到風格或機能滿足，把規劃重點放在客廳好聊天、餐廚區方便煮食、臥室更助眠……但想讓空間中每個區域的機能都能順暢運作，至為關鍵的卻是動線規劃。動線，猶如空間的輸送管，不僅肩負著點與點的串聯工作，透過合理的規劃還可讓空間延伸，甚至有擴張放大感，優質動線更會直接影響各區域的空間效率、互動氛圍與生活品質，可謂是格局設計的重中之重。

以家人
生活習慣模式

空間設計暨圖片提供｜構設計

　　動線設計的重要性不言可喻，但要真正落實在空間規劃時除了應考量基地既有格局、條件外，更重要的是居住者與家人的生活習慣，畢竟空間就像是生活的容器，想建立出最好的居住動線，需要透過家人日常的行動軌跡來累積、揣摩出最合身的動線。

　　考量一個家通常不是只有單一居住者，這些不同居住成員的組合也會影響動線規劃，例如過往較常見有二代或三代同堂的大家庭，在動線規劃時多半會先明確釐清公私領域，公領域動線強調社交性與互動關係，私領域動線則維護個人隱私與便利性。但隨著小型住宅日益增多，單身居住或頂客家庭的成員，為了增加親暱性與互動頻率，反而趨向讓公私領域的界線模糊化，或採用越來越多的開放格局設計，這些變化都明顯影響動線的安排。

　　事實上，動線規劃最重要的關鍵因素還是家人生活習慣與互動模式，所以建議打造新居生活動線時全家人一起討論，一開始尚無頭緒之初，不妨先針對舊家動線或生活需求作探討，透過舊家動線優缺點的爬梳整理後，看是否能找出更優化的動線設計。第一次成家購屋者可與設計師溝通並提出理想的生活模式，甚至連豢養寵物需求，或家人收藏、嗜好、有無親友會經常訪視等可能性都一一提出，讓生活點滴成為動線規劃的基石，進而打造出專屬且與生活模式最無違和的最佳動線。

# 依據空間使用順序與頻繁度

　　動線設計絕不只是單純的走道配置，同時也建立起生活的順序與節奏。尤其當空間越小越有限，越應注意動線的使用效率，除了要讓走道能配合各個空間的需求而存在，想提升動線效能，更不能忽略空間的使用順序及頻繁度這兩大重點。

　　1.使用順序：動線配置與空間使用順序息息相關，習慣上客廳做為接待賓客與家人共聚之用，也是回家第一站，因此，傳統會以玄關銜接客廳，包括餐區或廚房等串聯出公領域的動線，並盡量與私領域有所分野。若公私動線無法明確分割，也不便讓客人直接穿過臥室、書房後再進客廳，多半是把私領域動線接續在公領域後端。

　　當然這只是通例而非定律，細節更是因人而異，例如有人回家要先洗手，希望能在玄關旁可配合吧檯作為洗手點；或有女主人要求將廚房吧檯移至玄關旁，買菜回家可直接放桌上；也有人喜歡將外出衣物放玄關，所以在入門處需有更大收納空間，這就需要延長玄關動線來因應設計，諸如此類的行動軌跡就會發展出空間的使用順序。而不只進入家門後的空間要有更便利的使用順序動線，就連臥室內的生活動線也可依據每天起床後的作息順序來做規劃，餐廚區的工作動線亦然，參考個人習慣與日常生活方式並透過思考後設計出的動線也會更順手。

　　2.頻繁度：不同區域都有其功能性與重要性，但在規劃空間與動線時首要考量的是頻繁度。空間被使用次數越多，意味著連結這一區的動線利用頻率越高，因此，除了要考慮動線是否要加寬外，動線的順暢度、距離縮短或者裝飾美化……等設計價值也都被翻倍提升了。反之，若這空間的使用頻率低，則會被規劃於相較邊陲的區域，例如陽台動線，或是將動線空間與其它功能重疊運用，常見的就是把餐桌區與進入私領域的動線重疊，畢竟用餐時間無多，只要餐桌靠邊或折疊就能讓出動線，對於小坪數空間有極大助益。

空間設計暨圖片提供｜大見室所設計工作室

　　動線設計若只能做為不同區域的過渡走道，充其量就是讓空間達到 1 等於 1 的效能，這對於小坪數住宅來說，無異是種浪費；反之，若能適度地運用合併設計或重整，讓動線也能依據每個區域的屬性與需求，視情況加入端景、收納或共享設計，讓動線空間能被活化、附加進各種趣味設計，進而使空間發揮出 1 ＋ 1 大於 2 的效益。

　　動線除了提供家人行走，從另一個角度來看的話，空間中的氣流與光線也是需要經由動線的暢通才能流動於室內，所以當空間動線做得好，多半也能讓採光變好、空氣更流暢地行進於室內，成就更優質的宜居環境。

　　此外，透過動線規劃引導與打通，也能為走動的路線與視線指引方向或遮蔽隱私，或者是增加生活層次感，這些都是可以透過動線營造而達成的，也形成讓賓客與主人都能更安心舒適的空間設計。順便一提，如果家中有小孩或體力較差的長輩，在動線過程中也能增加輔助工具或是協助的歇息設計，讓動線更安全友善。

# 以城市街道概念思考動線

　　曾有設計師將房子比喻成一座迷你城市，認為家的格局也需要依據城市街道的概念來做縝密思考。別以為這是小題大作，仔細觀察世界上著名城市設計，發現有些是呈計畫型的棋盤狀街道、有些則採取放射狀街道，這樣截然不同的動線樣貌會直接影響城市景觀，並影響生活節奏、進而發展為獨有人文特色。你的家也是一樣的，依據不同的動線規劃，將會呈現不同的居家風情，所以在思考空間設計前不妨先想一下自己喜歡怎麼樣的居家氛圍。

## 化繁為簡，減少迂迴轉折

　　中小型屋宅為目前市場主流，在追求空間效益與生活效率的前提下，將動線化繁為簡，減少迂迴轉折不啻為空間設計顯學。將動線先區分出主、副動線，例如從大門進入後至公共區、再連結到私密區作為主動線，而周邊串聯餐廳、書房……等則做為副動線，規劃時盡量讓主動線維持筆直、無曲折，這樣可以讓空間畫面更顯整齊、簡約，而且若主動線可以具有延伸感也能讓家有放大的錯覺。這種格局有著像是魚骨般動線一般，不僅動線利用有效率、也頗能節省空間，對於長形或方形空間都蠻合適。

## 融入環境，放大周邊空間感

　　想讓動線的空間效益最大化，那就讓走道直接融入環境之中，這種虛擬的動線規劃邏輯是讓人悠游走動於室內，但動線卻消弭於無形。不過，由於動線是融入每一區域中，所以通常必須配合開放式規劃，例如：最常見的就是將客廳沙發後方書房、廚房或餐廳等小區域作開放式設計，當隔間牆被取消後，原本的動線空間在感受上就能轉變成客廳、書房或餐廳的腹地，瞬間讓空間感有被放大的錯覺，而且原本被牆面區隔出來的走道也跟著變寬敞動線。但是也要注意，開放式格局容易讓空間界線模糊化，使畫面顯得雜亂些，如果很在意也可考慮採用彈性隔間來輔助設計。

空間設計暨圖片提供｜生活砌劃 -Life Inspired

### 環形設計，營造巷弄驚喜感

　　有人希望將動線盡量簡短而無形化，但也有不少人反而喜歡讓動線加長來增加生活的趣味性，或者透過另闢蹊徑的方式增加動線方便性，例如：為了讓室內能夠擁有更多臨窗的採光與景色，在原本動線之外再增加沿窗的走道，這樣可以為單調的居家增加更多風景與光線感；或是為了孩子在遊戲室、書房或客廳牆面開一扇小門來打造環狀動線，給孩子更多玩躲貓貓或遊樂的動線……這些不按照傳統模式而設計的分支動線，能為平凡的格局帶來更豐富的變化性，也為家裡營造出柳暗花明又一村的驚喜或巷弄感。

動線設計

flow design

空間設計暨圖片提供｜構設計

讓動線
更具彈性與變化

動線雖然是非經常性使用，但又不得不預留，因此，從平面圖來檢視格局時就發現許多動線空間都是長時間閒置的，如何將這些空間活化、做更有效應用也成為動線設計的重點，特別是對中小住宅來說，平均 1 至 1.5 坪的動線空間，若能透過設計用來做收納、裝飾或增加其它機能，確實是不無小補。但想利用動線做出附加設計又有哪些要注意的層面呢？

空間設計暨圖片提供｜日居室內裝修設計有限公司

靈
活
動
線
設
計

### 回字動線

在作動線設計時，除了增加機能、掌握空間尺寸外，也有人更在意動線優化，如果想要跳脫被傳統橫直、呆板的動線所綁架，就可以選擇可以無限奔跑的回字動線。回字動線也可以稱為環形動線，好處是可以讓行進的方向性不被侷限，生活更隨興自由，這種有趣的規劃也成為許多親子家庭很喜歡的動線設計。但其實對於長輩回字動線可以不必繞遠路，就近到達要去的地點，也能更省力、有效率。而且四通八達的設計也能讓採光與空氣更流通。

### 斜向動線

傳統動線設計的思維就是隨著基地的座向，盡可能以客廳為主軸直線或橫向前進，但有時有斜向動線更能打破僵局，例如：如果需要更大牆面面寬的空間就能利用斜向的動線設計，讓空間感因而有放大感。中小坪數住宅也能利用斜向動線來營造通道與視覺延伸效果，讓小宅瞬間長大、拉長，各有巧妙就看怎麼運用。

### 弧形動線

幾何弧形一直是空間設計的重要元素，除了應用於立面裝飾，其實在格局上也能透過規劃導入更滑順流暢的弧形動線，特別是在轉角的空間可以藉由弧形導圓的修飾，讓動線增優美視覺、降低碰撞危險，創造出更多風景與焦點。

## 消弭走道設計

### 開放式規劃

　　想要解放動線、將空間返還給使用者，那麼就消弭走道吧！要把走道化成為可以利用的空間，或是讓空間視覺感受更放鬆，最常使用的設計手法就是開放式格局規劃，特別是拿掉小坪數空間的門，例如將餐廳或書、客房等空間的隔間牆拆除，一旦少了牆面的阻擋就可以讓走道順利融入周邊區域，讓相鄰的書、客房或餐廳少了綑綁而有放寬的感受，即使走道的寬度與長度等尺寸都沒有縮減，也能有放大空間的效果。

### 彈性格局

　　讓走道動線移作它用，也是消弭走道的方法之一，最常見將一些不常用、或只在特定時間使用的需求與走道合併設計，好比餐桌椅就可與走道重複擺放於同一空間，依使用時段來轉換空間用途以增加空間利用率。另外，對於隱私需求較低的書、客房，最適合搭配彈性格局設計，平日可以做為開放式格局，營造空間開闊感，需要獨立使

空間設計暨圖片提供｜大見室所設計工作室

用時，又可關上門牆來維持空間私密性，避免因為開放格局與走道設計，而減損了空間的機能性。

**材質運用**

　　以開放式格局來做規劃，可維持空間的完整性與寬闊感，但許多屋主也擔心開放式格局會讓空間少了層次感，視覺也會變得較凌亂，如果希望強化格局的秩序性，可以利用建材來做變化，像是最常見在玄關落塵區運用與室內空間不同的地坪材質來做出內外界定，其實在開放的動線上也能利用地板材質的變化設計，讓動線明顯地被示意出來，或者搭配更為低調隱性的燈光來做出動線引導，這些輔助的設計都有助於讓走道無形，但行走的動線仍存在，同時也可以讓空間層次更明確。

結合收納動線

### 收納櫃

　　既然走道動線難以避免，但又希望能提高動線的坪效，那麼或許可以考慮在走道中加入收納或更多設計。然而在規劃前先要檢視動線的尺度，看看是否有足夠寬度，或者能否有餘裕加入其它用途，畢竟讓人行走還是動線的主要功能。依一般標準的動線寬度不得低於80cm，若想氣派點則需90～120cm，因此，不能因為想增加用途，反而影響了動線的舒適度，日後天天行走其間、東碰西撞反而惹得生活不順暢，這樣就導致本末倒置、失去設計的美意了。

### 端景櫃

　　以大坪數住宅來看，因為房間數量較多，動線通常會綿延較長，為了避免行進的過程過長且乏味，不少人會在走道的末端加設端景，可以增加空間設計感與動線趣味。或者也有人會在動線中規劃如畫廊般的投射燈光，藉此展示自己的收藏藝術品或公仔

空間設計暨圖片提供｜構設計

等，不僅能增加展示空間、降低動線的無聊感，也可以凸顯屋主的生活品味。總之可以在牆面上做適當的妝點設計，來讓行走動線變得更豐富有趣，淡化動線過長的問題。

**排除畸零格局**

動線中難免遇到有大樑、柱體等無法改變的空間結構體，或者是動線本身不平直、有生硬轉折等狀況，然而這些看似畸零、難以利用的格局，不如利用門櫃設計來做調整。如果畸零空間較大，可以規劃一個不受空間形狀影響儲藏間，如果是空間小一點，就可以做成櫥櫃，如果只有 15 ～ 20cm 的寬度，那麼也能規劃成圖書展示牆，拿來擺放繪本圖書，方便孩子能夠隨時取閱，培養閱讀的好習慣。此外，也有人將走道牆面刷上白（黑板）漆，讓走道成為孩子們的畫布，增加遊樂的空間。

實例應用

空間設計暨圖片提供｜生活砌劃 -Life Inspired

空間設計暨圖片提供｜大見室所設計工作室

### 導入採光化解長走道狹隘感

為了避免因為過多隔間的切割形成長巷式動線，不但浪費空間，也容易讓室內光線受到阻礙，造成空間陰暗與不舒適感受，設計師選擇將介於公私領域之間的書房改為玻璃隔間牆，除了可導入更多採光面以外，圓弧曲線的牆面轉角設計也緩減走道的狹隘感受。同時在走道兩側以洗石子踢腳板設計則強化細節與風格。

### 公領域自由漫行的寬敞動線

由於是中古屋翻新工程，在重整屋況與重建新的動線秩序過程中，讓房子可呈現毛胚屋的原始狀態，加上這裡並非屋主常住居所，因此能有更多設計彈性，也能理想化地以方正格局作為公共區設計主軸，將客、餐廳與廚房做開放式格局，兩側則利用櫃體來整合柱體與所有畸零格局，進而營造出方正格局以及可自由漫行的公共動線。

### 斜面造型屏風導動線、解窄迫

廚房原本的位置在拆除實牆後，圍建了一道鑲嵌黑玻的鐵件屏風。一來可阻隔油煙，同時解決長形屋中段採光不足、視線受阻的窘境；二來藉由斜面造型屏風剪掉原本會有的廚房外角令視覺更柔和，也讓空間變成前寬後窄的漏斗型動線，腳步自然被導引之餘，也不會感覺走道冗長壓迫。

空間設計暨圖片提供｜工緒空間設計

空間設計暨圖片提供｜大見室所設計工作室

空間設計暨圖片提供｜大見室所設計工作室

### 斜向動線創造出更多互動區

室內只有 22 坪，但需規劃三房兩衛與客、餐廳，又希望能讓小孩有大一點的遊戲跑跳空間，為了將空間作最佳化利用，決定將原本方正格局與動線改成斜向 45 度的走道來打破既有的框架，將原本房間內的畸零角落出讓給餐廳與廚房，這樣一來媽媽在工作時也能與家人及小孩有更多互動。

### 走道融入各區域漫遊更自在

除了從大門進入屋內由玄關櫃區隔開的走道，以及私密獨立的臥室以外，這個兼具工作與居家的生活空間採完全開放式隔間規劃，將原本書房、廚房的隔間牆都拆除後，不僅使窗外的景色連成一色，室內的空間感變得更寬敞開闊，更重要是原本被牆面圍出來的走道就無形化了，但每一個空間的連結依然存在，甚至更為密切而友善。

### 頂樓延伸動線創造美好風景

這棟身在市郊巷弄間的房子，最無敵的優勢就是可擁抱外圍悠然寬敞的綠意視野。為了讓家人能隨時徜徉這樣的採光與好風景，將銜接至頂樓的樓梯動線，繼續向側邊延伸出長廊，再配合全玻璃帷幕的外牆設計，讓室內採光滿分，也讓主人可以拉張椅子就能愜意地享受走道末端的天光洗禮。

### 玻璃磚牆 X 條鏡營造長廊感

多功能空間與玄關相鄰而立，為了緩減狹長格局的不適感，先藉玄關走道上玻璃磚牆營造出透窗的氛圍，並搭配玄關燈光的暈照與格狀線條牆，讓多功能室散發緩和心緒的柔美感。另外，房間內地板採用木質與泥作來區隔走道動線，再利用右側大樑尾端的牆面做貼鏡設計，反映出延伸的視覺效果，產生拉長動線的錯覺，也凸顯動線趣味性。

空間設計暨圖片提供｜大見室所設計工作室

空間設計暨圖片提供｜生活砌劃 -Life Inspired

空間設計暨圖片提供｜構設計

空間設計暨圖片提供｜工緒空間設計

### 回字動線 & 自然建材超放鬆

從事包包設計的屋主，雖將住宅與工作空間安排在同一地點，但是還是希望生活能有公私的分際與區別。所以先運用鐵件格子拉門區隔出工作室，而且搭配以地板材質作動線變化，從入門的泥地走道做延伸、串聯至工作室，而左半區的木地板則營造出更CHILL 的休憩生活，配合回字動線可鬆綁客廳與書房的格局，給予空間更自由、開闊且悠閒的樣態。

### 迴轉動線強化自然風流暢感

由於整體設計裡涵蓋了山巒、洞穴等野趣意象，因此在公共空間內以鋪貼石材的半高櫃製造出迴圈動線：一來可藉俐落櫃體強化整體均衡感，同時確保側邊半圓弧天花線條不被截斷；二來也可藉由視覺的穿透增加開闊，讓圍居都市的身心，也能有不受束縛的輕鬆怡然。

## 玄關弧牆完美導引入門動線

在原本沒有玄關格局的空間中先立起一道弧形屏風牆，藉此界定出玄關格局，並遮掩了入門即見落地窗的穿堂忌諱，同時也導引出入門的動線。此道弧形牆刻意運用光線將牆面切分做一大一小，這樣設計既可讓光穿過縫隙進入玄關，也能讓裡外的視線有互動性，同時也避免弧形牆面過於巨大的沉重壓力感。

## 風格與材質活化無聊長動線

坪數住宅容易形成長型動線，為了不讓動線冗長而無聊，除了採用開放式規劃讓走道展現明亮感外，同時運用地板材質變化來明示出動線位置與方向性。另一方面，在立面設計上依據不同空間配合拱門與格子窗等元素，讓走道畫面更活潑外，也有助於全室的風格強化。

空間設計暨圖片提供｜生活砌劃 -Life Inspired

空間設計暨圖片提供｜大見室所設計工作室

空間設計暨圖片提供｜合砌設計

## 半高牆櫃打通視野、強化順暢

拆除次臥隔牆後讓側邊採光不受阻隔，也令通往臥房的過道變得通暢開闊。架設一座高度約 75cm 的深灰書桌為支撐基底，再嵌合一座木紋懸空櫃埋藏管線、補強機能。如此既界定了功能區分野，還透過迴圈動線與右側架高的臥榻區相輔，營造出坐臥隨心的愜意氛圍。

## 結合收納與風格的玄關動線

玄關是典型的複合式動線規劃，尤其大戶型住宅可搭配風格加入如拱門、吊燈或端景等元素設計，讓拜訪賓客留下深刻的第一印象。此外，考量這是進入室內的第一關，所以在玄關設計時可注意走道地板材質變化以及地板高低差，以便區隔出落塵區與裡外之別。至於收納櫥櫃配置須以家人鞋物數量、需求來規劃，以免不夠收放導致雜亂。

空間設計暨圖片提供｜大見室所設計工作室

空間設計暨圖片提供｜工緒空間設計

空間設計暨圖片提供｜構設計

### 主牆位移讓家增添小食堂風情

將電視牆由書架處位移至現址，再透過木作牆延展動線，讓牆後廚房能獲取更大空間。靠入口處的流理檯面略低於主使用檯，恰好能作為烹飪完成後的留置區；因此將外牆修飾為圓角增添柔和，再以大小窗強化造型，掛上小短簾，瞬間讓平凡無奇的出餐口，蛻變為日式食堂風韻的情境角落。

### 加長動線變出個人獨處密區

設計師利用客廳後方的小空間，不只打造出全家書房、小孩玩耍的遊戲區，還特別為爸爸增設了個人的沉思空間。原來，為了滿足男主人也希望能有個人獨處天地，決定在書櫃與建築外窗之間空出一座櫥櫃的空間，除了能延長孩子的遊樂動線，搭配坐榻設計，更創造出一個人獨處的小小空間。

空間設計暨圖片提供｜構設計

空間設計暨圖片提供｜大見室所設計工作室

### 走道櫃與轉角層板滿足機能美

屋主夫妻都從事教職，因此家中有超大量的書籍，需要找出更多空間來作收納櫃。除了在客廳、書房已設置書櫃外，還特別將走道略為放寬，再沿路規劃出35cm深的書櫃，增加了與動線等長的書牆外，在客、餐廳則以導圓的開放層板轉角櫃收尾，讓機能與美感都加分。其中走道因為仍保有90cm的寬度，加上明亮色調與優質採光，絲毫不覺有壓迫感。

### 客廳通道與入座動線也重要

室內除了連結各區域的主要動線外，單一區域內的次動線規劃也很重要，例如客廳或餐廳的通道寬度、入座動線順暢與否都是需事先作好安排的。特別是電視牆與沙發的距離拿捏，為了讓空間更流暢，屋主選擇一字型長沙發並以小圓几取代傳統大茶几，讓通行走道寬度放寬，同時搭配半高電視牆則讓空間更顯寬敞大器。

### 玻璃光牆讓動線更靈性優雅

屋主喜歡簡潔明亮的空間感，為了迎合喜好，在主臥室的床尾保留一定尺度的動線寬度後，就運用白色櫃門的分割線來規劃出現代感牆櫃，滿足衣物收納的需求，而左側特別運用長虹玻璃做收尾，透光不透景的玻璃材質特色也讓封閉的床尾走道多了紓壓透氣感，無論是動線或空間都因此更顯靈性優雅。

### 房間牆轉向 45 度動線更寬敞

一般人都希望將歪斜格局調正，但有時候斜向的動線卻能創造更多空間可能性。這案例原本是方正的三房隔間，但為了想讓客廳後方的主臥室放大空間，決定將主臥牆向外作 45 度移轉，再搭配小孩房局部牆面斜切略縮設計，結果不僅讓主臥多出書桌區且放大衛浴間外，也讓餐桌區與主動線都變寬敞了。

空間設計暨圖片提供｜生活砌劃 -Life Inspired

空間設計暨圖片提供｜大見室所設計工作室

空間設計暨圖片提供｜構設計

### 繽紛圓形牆增添動線趣味性

育有一對龍鳳胎的屋主夫妻，擔心煮菜時廚房油煙外溢，所以在餐廳進走道處加設鐵件拉門，既可攔住油煙味，同時玻璃材質門片可讓爸媽在廚房忙時仍可以看到龍鳳胎遊戲的狀況。另一方面，從鐵件門的圓形主題也發展出繽紛的幾何牆面漆作，增加了走道裝飾性與活潑氛圍外，特別還選用的丹麥無毒黑板漆，讓孩子可在上面盡情塗鴉，充滿趣味性。

### 斜向動線破除刻板、放大空間

鞋櫃與廚房入口連接的這堵牆面，透過微抓出 15 度斜向，破除了走道空間平板表情；同時也藉斜角製造視覺導引跟放大空間的效果。考量牆面與周邊設計協調性，在材質與顏色的搭配上，也強化了虛實交映與飽和度，透過多姿多采的豐富感，點燃更多日常火花。

空間設計暨圖片提供｜工緒空間設計

空間設計暨圖片提供｜合砌設計

### 拆牆、移向讓居室敞朗無礙

原四房格局撤除一房後，讓公共區面積大增，得以將電視主牆轉向，讓採光與視線更直透。右側兩房透過微調牆面，將原本相對的兩入口整併在同一方向上。廚房先拆掉入口短牆拉直動線，又縮減了相鄰次臥面積，讓全室的路徑更方正流暢。

空間設計暨圖片提供｜大見室所設計工作室

走道寬度需要有一定的尺度，若過
度縮窄不僅生活不便，也會讓長期
居住其中的人情緒不開朗。

# #Q1

**為了盡量利用空間，
把走道縮短或變窄好嗎？**

在現今房價貴鬆鬆，堪稱是寸土寸金的年代，每個人在規劃空間時都想要更精簡
設計，期待每一寸空間都能發揮最大效能，而走道空間的存在看似雞肋，看似無用又
不能廢棄，也讓人想說能不能縮減走道來爭取更多空間呢？對此，設計師認為，如果
依據基地條件能做到避免繞道、將動線縮短的設計當然是很好，但是，卻不建議把走
道過度瘦身變窄。

正常室內走道的寬度需要約 90cm 走起來才會較舒適，若想要爭取更多使用空間
可以縮小至 80cm，但絕對不要低於 70cm，過窄走道除了在兩人錯身行走時會需要側
身或容易碰撞外，整體空間感也會因為走道小而變得不夠大器，更重要的是長期生活
在窄小走道的房子裡，也會影響到心理發展，讓人情緒不開朗、甚至變得壓抑，尤其
如果家中有長輩，也要考量未來可能會需要有輪椅來協助生活的需求，那麼通道就不
能窄於 90cm，種種因素考量後建議寧可從其它區域來找出空間，千萬別以減縮通道寬
度來爭取空間。

空間設計暨圖片提供｜大見室所設計工作室

將原本小房間改為開放書房，再把
廚房隔間牆降低，讓室內的空間感
立即有放大效果，走道空間也不顯
浪費。

# #Q2　　　　　　　　家裡有很多走道，感覺很浪費空間，
# 　　　　　　　　　　　　　　有什麼解決方法？

　　走道是空間中無法省略的一部分，但多半時間卻可能是閒置無用，所以若是未因
規劃不良導致動線過長，無形中就變成空間浪費，這種情形對於中大坪數住宅可能影
響較小，但在小宅中多了這 0.5 到 1 坪大的走道空間就有大差異。

　　因此，規劃時建議可以盡量將走道融入公共區域中，像是將動線規劃於客廳與餐
廳中間地帶，這樣的動線設計可以達到串聯各區域的功能，但又不覺得有走道感。或
是將原本走道旁的書房、和室、餐廳等小區域做開放式設計，若是小宅想營造放大感，
可利用相同材質的地板讓空間有延續性，或是只藉由天花板做區域界定，讓走道與周
邊區域的界線模糊化，隱約讓各個區域的空間達到放大效果。

　　如果真的沒有辦法做開放式格局，可以善用玻璃或者軟性活動式隔間設計，在平
時可以打開，呈現較通透的空間感，這樣對於小坪數住宅來說也具有放大格局的效果，
避免因為走道而讓空間變窄或有侷促感。

空間設計暨圖片提供｜生活砌劃 -Life Inspired

遇到動線曲折或格局有畸零問題，
最簡單而有效的方式就是利用木作
或是系統櫃做彌補，藉此調整矯正
出順暢動線。

# #Q3

**原來的家動線曲折，
新家要怎麼裝潢才能避開這個問題？**

　　早期建商在規劃房子時，多半只由建築師主導，少了室內設計師在前期參與規劃，所以較容易忽略動線的合理規劃，最後在房子蓋好後就可能會造成室內格局有多處轉折、不方正感；另外，房子如果坪數較大或是有樓層的屋型，也難免因動線加長，使空間產生曲折動線的格局。現在新建的建案多半在起建期間就會請室內設計團隊一起討論規劃，將室內格局一併做考量，因此，曲折感的格局或動線很差的房子也比較少見。

　　專業設計師說明，面對有曲折走道的中古屋空間，如果可以重新整頓格局通常也能完全改善問題，但若沒有全面重整的計劃，建議可以利用木作或是系統櫥櫃來作改善設計，儲藏室或櫥櫃可以彌補空間的畸零區，讓空間動線可以因此而被拉直，曲折的格局也能獲得調整矯正，同時櫥櫃也能增加收納能量，不會讓空間白白浪費掉。另外，像是有畸零的斜角格局也可以運用儲藏室來解決這樣的問題。

空間設計暨圖片提供 | 大見室所設計工作室

動線變動與家具的擺設關係密切，甚至會牽一髮而動全身，而且家具擺放時也應注意起身周邊的寬敞與方便性。

# #Q4

## 動線如果沒規劃好，會影響家具的擺放嗎？

　　空間配置就像是下一盤棋，每一個環節都會影響到其它布局，所以動線規劃的好不好，當然會影響家具的擺放，例如：入門後可能會因為動線的調整，讓客廳電視牆面向也要隨之調整，而坐向一轉變後就可能造成原本的面寬有所改變，接著沙發等家具的尺寸就有可能被影響，家具擺放的位置也可能要調整；其它如餐廳或臥室內也都可能發生類似的狀況，所以建議在做空間規劃時一定要先確定好主動線，再來決定家具的擺放，這樣才比較不會發生錯買家具或尺寸不符合的狀況。

　　此外，家具擺設與區域內的獨立使用動線息息相關，就像客廳內的家具擺設要考慮入座動線的寬度以及方便性，以免每次有人要起身時鄰座的人就要側身讓路，而且也容易碰撞周邊物品。若客廳也兼作通往陽台或其它區域的動線，也要考量家具擺設的坐向與位置，要避免擋到行走的動線，或是被行走者影響觀看電視，也會造成生活上的不便性。

空間設計暨圖片提供｜大見室所設計工作室

小坪數宅空間彌足珍貴，更需要透
過動線的設計，讓每一寸空間都獲
得最大利用，例如斜向動線讓場景
變寬敞。

# #Q5

## 小坪數空間已經很小，
## 有需要注重動線規劃嗎？

很多人認為小坪數住宅光是滿足基本機能就已經把空間都填滿了，所以應該也不需要再做甚麼動線設計了。但其實不然，越是小空間越要精心計算，而且動線規劃不僅僅只關乎走道設計，更會影響整體生活節奏與流暢度。

以實務上來看，小宅的居住成員相對簡單，常常只有單身或兩人居住的情況，不像中大坪數住宅需要兼顧到其他家人的各種需求，反而可以更自由地依據自己的習慣來規劃動線。例如有屋主習慣下班就順道買菜回家，又不想把菜直接放在地板上，所以一進家門就要有放食材的吧檯，因此特別要求將餐廚區向門口區移動，接下來才是起居空間與臥室。也有人不習慣餐區與工作空間擺一起，決定將書房與玄關一併規劃，這些設計都沒有對與錯，而是符合自己的生活需求。

當然小坪數的空間彌足珍貴，若能將動線更有效利用也是很重要，因此，也有人利用架高動線的下方來規劃收納櫃或坐榻，讓空間得以發揮更大效益，諸如此類的做法都是需要經過特別規劃的動線設計。

# #Q6

## 長型格局、方型格局，屋型對動線規劃有影響嗎？

　　動線除了是供人移動、行走，其實也可以經由動線設計來調整格局，例如長型格局就可透過將動線移動至房屋中段的設計，將一個空間切分為左右兩區，藉此就能夠微調空間的比例，讓過於扁長的空間變得更好利用；若不想破壞整體空間感，也可考慮將動線盡量安排在一側，好保留更完整的空間面積，若因此形成長廊式的走道，也能搭配風格設計營造出獨特風格動線樣貌，有了這樣的動線設計概念後，就可以初步就長型格局、方型格局來檢視動線規畫。

　　不過，除了基地本身的形狀對動線規劃有影響外，在動線設計時還要特別注意採光面的位置，尤其是長型空間的採光常常是設計好壞的關鍵，可以利用動線的規劃安排，讓珍貴的光源可以深入到沒有採光面的區域，常見將臨窗的小區域做開放或半開放的規劃，藉此來增加開窗面積，並讓光線可以順利透過動線的穿透進入玄關或餐區，也能避免動線過於陰暗狹長造成室內整體的不適感。

可經由動線來調整格局，像是長型格局可搭配活動隔間設計，避免動線過長，同時也能讓珍貴的光源深入空間。

空間設計暨圖片提供｜構設計

空間設計暨圖片提供｜生活砌劃 -Life Inspired

走道若延伸較長，對於中小住宅感覺有些浪費，可以視周邊環境作開放或增加收納櫃等附加設計，讓空間更有趣。

# #Q7

## 可以做哪些設計，增加走道功能？

　　如果你家走道只能夠從 A 點到 B 點，是不是有點太無聊，尤其動線若是較長又不能做別的用途，確實也會讓人覺得有點浪費空間。如果只想增加風格裝飾性，最簡單的作法就是在動線前後端或畸零的角落增加端景，例如在走道底或牆面運用掛畫或斗櫃來擺設端景，讓空間的藝術性提升、畫面更豐富。

　　若是走道寬度足夠，或者兩側尚有空間可稍作拓寬，只要讓一側房間稍微退縮 15cm 就可以設計一面窄牆，作為展示公仔的櫃牆，或是繪本書牆，若能配合開放書房或客廳角落作成落腳處就可打造成圖書角落，讓孩子養成閱讀習慣；如果動線上有不錯的窗景，也能安排小吧檯來駐足品嚐咖啡。另外，也有不少人會將家人旅遊照片吊掛在牆面，作成家族相片牆。或者是採用內嵌的壁龕式櫥櫃來設計展示櫃或收納櫃，這些設計都能為動線增加趣味與功能性。

　　不過想要利用走道增加收納機能，必須在不影響動線流暢度的情況下作規劃，特別是玄關、客廳或餐區走道旁作牆櫃設計，要注意安全性，可多利用導圓的弧線轉角設計，避免突兀的角度造成碰撞。

空間設計暨圖片提供｜構設計

開放式格局排除隔牆、少了侷限，只用家具配置或空間建材、燈光引導來做變化設計，就能創造出隱形的動線。

# #Q8

## 開放式格局規劃，
## 是不是就沒有動線設計問題？

以往用牆面圍起來的動線雖然明確，但空間也容易被僵化，可能形成浪費，很多人會選擇作開放式格局設計。這樣一來空間既沒有邊界、也少了侷限，是不是就沒有動線設計問題呢？雖然開放式格局的動線並不是真的需要有一條存在的實線，甚至只要可以走的地方就能稱為動線，但是還是有規劃需遵守的重點。

首先，在相鄰的兩區域之間需預留出適度的空隙，讓區域界線不至於過於模糊化，行進的動線就可以自然順勢形成，有時候則可配合燈光或地面材質的變化作輔助規劃來引導動線。

其次是活動家具的配置，如餐廳裡把餐椅收進桌子後就能浮現出隱藏動線，甚至在客廳可以運用一張置中的大沙發，所有家人就能東往西返地繞著沙發團團轉，也就形成回字動線，這些開放式格局中的動線常常是虛擬的，但是這看似不需另外設計的動線，其實多半都是事先設定好的路線，也就是利用家具來取代格局制約，形成隱形的動線，在視線上也會顯得更開闊。但是，即使看不見的隱形動線在尺寸上還是要審慎評估，才能讓居住與行走時都更舒適。

空間設計暨圖片提供｜大見室所設計工作室

走道周邊常見的櫥櫃設計有玄關櫃、餐櫃或書櫃等，通常會依據區域需求來規劃，便於利用與拿取。

# #Q9

想在走道增加櫃子做收納，
怎麼做才不會影響行走動線？

　　想利用動線空間規劃櫥櫃，除了可以提升空間收納效率之外，其實也可以利用櫥櫃來彌補動線上的格局缺失，同時還能透過櫥櫃的設計引導或創造動線，算是一舉多得的好設計。

　　不過，設計上也有些原則要遵循，為求方便性，走道櫥櫃多半會依據各區域的功能需求來規劃，最普遍的就是玄關櫃，由於兼具有入口門面的機能，所以除了櫥櫃設計，也會更強調裝飾性；此外，玄關動線建議不要過窄，配合大門應有 120cm 以上寬度較合適，而且為了避免玄關櫃量體較大造成空間壓迫感，櫃體可利用懸浮造型設計來露出更多地面，感覺會更寬、更輕盈。若有出現轉折則要注意櫃體流暢性，可藉由導圓、弧形櫃體設計來因應。

　　動線主要功能還是在行走，所以若要增設櫥櫃，應注意除了走道淨寬不應低於80cm 外，還要預留足夠開櫃門的空間，例如：櫃體門片寬若為 45cm，最好能加寬至120cm 才好取物，或改為側拉門設計，這些都要事先做好計算，以免櫥櫃做了以後難以利用，反而形成空間浪費。

# #Q10

## 臥房有需要做動線規劃嗎？

　　臥房空間雖然不大，但是只要有需要走動的空間就有動線規劃的問題。以主臥室來說，如果是兩人共住，在規劃上下床的動線時就要留有雙動線，讓床的兩側都能行走，以免睡在床內側的人下床時要跨越過另一人，打擾到枕邊人。所以床位放置的地點就很重要，除了不能緊貼窗戶或牆面外，建議床頭可設定在較長面寬的牆面，並以置中方式安置床位，兩側可擺設床頭櫃或燈光來確保下床動線的安全性。床尾若有規劃衣櫥，也要預留較寬的走道才好開門使用，當走道週邊已無空間可做拓寬時，建議採側拉門的開啟方式較節省空間。

　　另外，主臥因為可能有配置衛浴間，規劃動線時也要注意床位應避開浴室門，以防穢氣對沖的禁忌。其次，要注意的是房間門寬不能過小，應留有淨寬 80 ～ 90cm，年長者則要注意門後應保持淨空，不要被東西阻擋，建議可採用側拉門設計較安全。至於小孩房的動線設計彈性較大，考量房間內除了床位外，可能還有玩具櫃、書桌及衣櫃等安排，可先詢問使用者習慣，先依據各區域功能做定位後，再依序安排動線即可。

臥室格局雖有限，仍需有適度的動線規範，例如雙人房需留有雙動線，以免睡在內側的人下床時，干擾到枕邊人。

空間設計暨圖片提供｜大見室所設計工作室

空間設計暨圖片提供 | 大見室所設計工作室

小廚房的檯面自然也會跟著縮小，而走道過窄則容易碰撞到鍋盆發生危險，可考慮與餐廳合併作開放式廚房設計。

# #Q11　為什麼在廚房烹飪時總覺得卡卡的，問題出在哪裡？

　　廚房是工作的空間，須注意人體工學與個人習慣，所以最理想的規劃就是依據每個人的作業模式衍生出專屬的工作動線。除此之外，習慣西式輕食與喜歡中式熱炒的家庭可能在動線規劃上也會有所差異，主要是輕食家庭工作重點放在水槽、冰箱與檯面這三點，但是中式熱炒則著重於水槽、檯面與爐火之間，這些工作的動線應該在規劃前就先做討論與釐清，才能掌握料理的黃金地段；接著再搭配一字、平行或 L 型廚房格局來做配置，這樣才能做出合理且不會卡卡的廚房工作動線。

　　除了工作動線要依據使用者需求作設計外，廚房內的迴轉動線規劃也很重要，也就是內部走道應維持 90cm 寬度以上，若是常常會有兩人一起進廚房工作，則應將走道拉大至 110 ～ 130cm 寬，以免工作錯身時經常會有碰撞；此外，如果是二字型廚房雙檯面的下方都有做櫥櫃，也要留有足夠的開門空間，這部分也要看櫥櫃深度來決定，只要掌握好這些尺寸，就能降低廚房烹飪卡卡的狀況了。

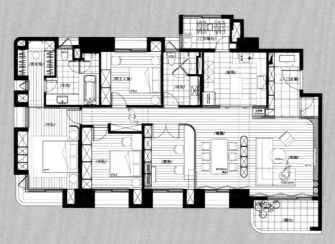

空間設計暨圖片提供│大見室所設計工作室

平面圖上註明的尺寸、圖標有其特殊意義，如果不瞭解可能不容易看懂圖面，易導致入住後才發現窒礙難行。

# #Q12　　　有可能從平面圖就看出不好更改格局，或不好規劃動線的房子嗎？

　　對於一般裝潢素人來說，光是看平面圖可能不容易感受到實際的屋況，尤其對於平面圖上標註的尺寸或專業符號可能也不太能理解到空間現況，所以單是只從平面圖想看出格局好不好，甚至想依據平面圖來作出更改動線規劃確實較難，特別是對於空間感的理解可能會有些誤差，動線的尺寸拿捏也需要有豐富經驗才能抓得準。這也是許多屋主在買預售屋時，只從平面格局圖來看似乎沒有發現太大問題，但是在交屋後才感覺到房間過小難規劃動線，或是餐廚區動線不順等問題。

　　但如果是專業設計師，的確是可以從平面圖來看出格局問題，特別是在面對中古屋或老屋翻新的委託案例時，有經驗的設計團隊就會特別先去調閱原來的平面規劃圖與水電配置圖，希望藉此了解原始的屋況與管路，以免有些管線或結構因為被後來的裝潢所覆蓋而有誤判，這也是想要更改房屋格局或是重新規劃動線前相當重要的工作，可避免規劃好的動線或設計在動工開拆後才發現有問題，又需要重新設計。

# #Q13

**怎麼做事前評估，
決定是否變更格局調整動線？**

　　雖然動線規劃常因不同屋主的行動軌跡而有各自發展，但也不是代表可以完全恣意而行，仍有許多格局的現實面必須要詳加考量。至於哪些動線可以調整，哪一部分又必須維持現狀又該怎麼作事前評估呢？

　　首先，一定要尊重原始建築的結構，結構牆、結構柱都是蓋好後就不可更動，動線規劃時應避開不動。其次，採光窗與向陽的面向也是評估重點，以免因為動線變更影響室內明亮感；另外，建築的管道間、廚房、衛浴的位置也要事先作了解，且盡量不要作移動，如不得已要配合動線來更動廚衛位置時，要注意移位距離不能太遠，以防未來可能衍生出管路不順暢等問題。除了建築與格局等先天問題外，如果在意風水，應事前請師傅來端詳評估，將該注意的問題事先提出討論；若家中需要設置神龕，也要先確認地點、方位，以免動線想好後有所衝突，又需要作改變。有樓層的空間，還要特別注意樓梯動線，畢竟樓梯是無法排除的巨大量體，必須事先做好定位，當樓梯位置不能更動時，則應配合樓梯來設計出較順暢的路線。

空間設計暨圖片提供｜大見室所設計工作室

想大改動線與格局時，務必掌握原始屋況，避免與結構牆、柱相牴觸，接著才能將動線與需求列入考量。

空間設計暨圖片提供｜生活砌劃 -Life Inspired

藉由書房、餐廚空間的開放式設計，或採用玻璃門、穿透隔間規劃，可縮短長形動線、改善走道的陰暗不適感。

# #Q14

## 長型老屋動線，怎麼規劃比較適合？

　　不少中古老屋都是屬於長型格局，尤其是連棟公寓或透天宅，因為建築本身採用共同壁建造且左右相連，導致內部易形成長形動線，其中如果是只有單面採光、或只能靠前後陽台引入光線的屋型，在動線規劃上要特別小心光源易被牆面隔斷。

　　因此，最好是能將客、餐廳等公領域移往採光面並做開放式規畫，讓進入室內的採光量可以極大化。雖然減少隔間牆可以緩減長型屋的採光問題，但是也容易因此造成分區不明確而顯亂，所以可考慮使用短牆或運用具透光性的壁面材質來營造格局變化，讓空間仍能維持秩序與層次感。

　　為避免房間並排造成廊道過長的缺失，在雙房以上的長型老屋，可以考慮將講究隱私性的房間分別規畫在不同區域，以免房間牆面串聯導致動線過長且陰暗的問題；也可利用開放式書房或餐區的規劃，變相地放寬動線。同時盡量讓隔間牆與光線行進的方向一致，也能避免光線直接被牆面截斷，例如電視牆、主沙發或餐桌建議順著長型格局配置，也能讓動線顯得寬敞些。

空間設計暨圖片提供｜大見室所設計工作室

> 許多大宅因為有較多房間，很難避
> 免產生長形動線，可利用端景、透
> 明天井或造形門等設計來增加豐富
> 性。

# #Q15　　　　如果難以避免長形動線，
怎麼做可以讓動線不無聊？

　　雖然已經盡量排除在空間規劃時產生長形動線，但是礙於一些固定格局還是難以避免，像是大坪數住宅容易因房間數量較多而產生長形動線；另外，即使坪數不大，但本身就是狹長形基地的格局也容易出現長形動線，這些狀況該怎麼設計才能讓這些動線不無聊呢？

　　設計師建議如果動線可以有轉折，或者是在動線上有可以作斷點的區域，常見也最簡單的做作法是加個端景櫃作裝飾，藉此也能增加收納機能。如果是大坪數豪宅通常會有起居室，可以將起居間安排在動線上，再藉由開放格局設計來打斷長形動線，也能讓小孩或長輩在這裡稍歇、互動，增進家人情誼。

　　另外，可以在動線上規劃一座透明溫室或室內天井，讓陽光可以順勢進入走道，避免陰暗又狹長的動線，住起來不舒適、也較不健康。如果空間條件無法作天井或溫室等採光規劃，也可以利用流明天花板的設計手法，或是玻璃燈光展示櫃的設計，為動線增加明亮感與趣味性，也能讓動線不會太無聊。

空間設計暨圖片提供｜大見室所設計工作室

現今電視大多設計輕薄，可改用電
視柱或畫架來配置，將電視移至非
走道區角落或側邊，就能讓出更多
走道空間。

# #Q16
## 不管走去哪裡
## 都會經過電視，有改善方法嗎？

　　客廳是穿越落塵區後進入家中的第一站，常常也是兼作通往家中各區域的主動線或分支動線，但也因此不管走去哪個地方好像都要經過電視，讓正在看電視的家人深受干擾，遇有貴客來訪坐在客廳聊天時，家人走來走去也頗尷尬。

　　想改變這種狀況，首先可以檢視自家客廳座向與方位，看看是否可以將電視牆作轉向設計，讓原本與電視牆平行的走道可以變成側邊動線，藉此降低對觀看電視者的影響。現在電視都很輕薄，可考慮改用電視柱來設計，讓電視可移至非走道區的角落或側邊，讓出更多走道空間。電視牆後方若是書房或和室，可做開放式規劃，並將動線改道至電視牆後或沙發後方空間，就能避免行走的人打擾觀看電視。

　　有些豪宅會特意將客人動線與家人動線分開，特別從廚房另闢一條動線，不想將所有出入動線都跟客廳綁在一起，所以也可以從玄關處另外開出一道動線通廚房，即使從市場拿著大包小包回家後都可以直送廚房，更為方便。

空間設計暨圖片提供｜大見室所設計工作室

想改善動線又不想變更格局，最簡
單的方式就是利用家具擺設來調整。

# #Q17 有可能在不大動格局，
不影響空間感前提下，改善動線嗎？

改變動線不一定要大動格局，尤其許多格局都是因應建築結構而發展出來的，也不能說改就改。所以，如果覺得目前的動線不理想，很想要做變動的話，應該是先找出哪邊有不順暢的問題，接著先從家具移動的方式來做評估，看看是否能夠在移動家具後，順利將動線過窄、被阻擋、或是須繞道等問題解決掉，例如不常在家吃飯的家庭可以將餐桌靠向牆邊，就能讓出較大的走道空間。如果家具影響不大，也可以試著將一些小區域做開放設計，或移除局部的櫥櫃來放寬動線，這樣也能讓空間感更好。

另外，有些房子明明 A 區與 B 區就是相鄰的區域，但因為動線沒有相通，變成需要繞過整個房子才能到達，這樣的空間也可考慮在牆面上開個小門打通，就能形成可循環的回字動線，這樣的改變對於整體格局的影響性極小，但如果是經常行走的動線，就可以增加不少方便性，也可以讓單一的動線變得更有趣味性。

# #Q18

**夾層屋樓梯造成動線不順，
與空間浪費，若想調整，樓梯擺哪裡才對？**

對於夾層屋型來說，想利用挑高區來規劃夾層空間，就難免要建構樓梯做為上下動線，但樓梯擺放位置很重要，除非是豪宅格局，會特意將樓梯擺放在大廳正中央作為設計主題，一般中小住宅如果將樓梯矗立在房子中間，就很容易造成空間被截斷，也形成周邊空間更多畸零感。

因此，多半會將樓梯移至牆邊角落，但是沿牆而走的樓梯也容易縮減櫥櫃空間，如果規劃在窗戶旁邊又會影響採光問題，甚至樓梯正對大門都是風水禁忌，應該小心避開。所以想避免因樓梯設計造成空間浪費，以下幾種提高樓梯坪效的設計可做為參考。

1. 將電視牆略為外移，再利用牆後方空間規劃樓梯，此時樓梯下的空間還能設計為儲藏空間，可滿足動線串聯，也可完整利用牆面與梯下空間。

2. 採用輕盈又較不影響採光的懸臂梯型，可避免樓梯巨大量體造成的空間壓迫感，至於樓梯周邊也能設計成端景，這種梯型對於小宅比較不影響空間感。

3. 小空間可以選擇螺旋梯或真空氣動梭等樓梯設備，讓樓梯占地縮小，而且設置樓梯的位置也較不受限。

樓梯可規劃在電視牆後方，再將電視牆與樓梯下方空間合併考量設計成收納櫃，讓動線、收納與裝飾牆三全其美。

空間設計暨圖片提供｜構設計

空間設計暨圖片提供｜大見室所設計工作室

動線過長容易讓人疲累、陰暗，除可透過格局挪移來改變走道長度，也可藉由透明隔間設計來做動線提亮設計。

# #Q19　　因格局形成陰暗又浪費空間的長廊，有辦法解決嗎？

如果基地本身的採光不差，卻因為在格局建立後才形成陰暗的長廊，甚至導致室內不舒適，這個問題多半是出在過度隔間上，最有可能是起因於房間數過多、或是過度集中，導致隔間牆太封閉與過長的動線，不僅浪費空間也會阻擋採光。

首先，可先檢視長廊附近是不是有哪些小區域能做開放式格局設計，書房、客房或和室等隱私度要求低的空間，可利用玻璃材質、可變動的折疊拉門，甚至做全開放式的隔間設計，這樣就能破解陰暗長廊的問題。

如果房間需求量不能減少，就先看看能否將公領域的客、餐區或起居空間安排在房屋的中段位置，再將必須做封閉隔間牆的房間放在兩側，這樣的格局也能避免動線過長的問題，但前提是大門出入玄關要接近房子的中段，不然反而會拉長玄關至客廳的動線，規劃時必須有所取捨。若空間格局都無法移動，只能透過廊道的燈光設計，如線燈或流明燈光，或是加牆面裝飾性與走道底的端景設計，轉移焦點，也避免長廊的陰暗感覺。

空間設計暨圖片提供｜大見室所設計工作室

動線規劃除應注意平面順暢外，立面的開窗、牆面或端景設計也不能馬虎，甚至走道拱門裝飾都是風格重點。

# #Q20　　動線規劃時除了要考慮平面配置，立面的空間條件也要注意嗎？

很多人小時候都玩過藏寶圖遊戲，覺得好像用平面圖來看動線最清楚，的確從平面配置圖就可以看出各區域動線的流暢度，同時也可由平面圖來檢視動線的寬度尺寸，以及格局與家具的關係等。

但是，除此之外還要配合立面的空間條件，例如牆、門、窗戶或柱子等，其中最重要的就是動線與對外開窗位置的對應關係，該將窗戶留給房間或是動線之類的考量，會不會因為動線的設立而導致產生暗房，動線旁的小區域書房可不可以改為透光的立面隔間牆或直接作開放式設計呢？這些問題也應該要與動線規劃時一起作評估。

此外，立面的裝飾設計還會直接影響空間風格，在美式或古典風格中，走道的底端常搭配壁爐或壁龕等造景設計，或是走道會搭配拱門造型設計，兩側的立面有照片牆或展示牆設計等，這些走道的立面設計，不只有助於增加動線的豐富性，凸顯空間風格品味，也是動線規劃時需要注意的重要環節。

# DESIGNER **DATA**

**大見室所設計工作室**

04-2372-0370

bigsense55@gmail.com

403 臺中市西區公館路 162 號

**日居室內裝修設計有限公司**

02-2883-3570

CNdesign250@gmail.com

111 台北市士林區大東路 162 號 5 樓

**工緒空間設計**

03-658-0176

gongxuind@gmail.com

302 新竹縣竹北市成功七街 176 號

**生活砌劃 -Life Inspired**

03-287-5501

build2.studio@gmail.com

320 桃園市中壢區致遠一路 260 號 5F

**合砌設計**

02-2786-1080

HATCH@hatch-idea.com

115 台北市南港區忠孝東路六段
428 巷 3 號 1 樓

**捷安傢飾**

02-8981-6969

248 台灣新北市五股區中興路二段 20 號 5 樓

**拾隅空間設計**

02-2523-0880

service@theangle.com.tw

104 台北市松山區松江路 100 巷 17 號 1 樓

**構設計**

02-8913-7522

madegodesign@gmail.com

231 新北市新店區中央路 179-1 號 1F

**紅殼設計**

02-2606-8524

homkerdesign@gmail.com

105 台北市松山區民族東路 689 號 1F

# 裝潢格局基礎課

2024 年 01 月 01 日初版第一刷發行

編　　著　東販編輯部
編　　輯　王玉瑤
採訪編輯　Celine・EVA・Fran Cheng・喃喃・陳佳歆・黃珮瑜
封面・版型設計　紫語
特約美編　梁淑娟
發 行 人　若森稔雄
發 行 所　台灣東販股份有限公司
　　　　　＜地址＞台北市南京東路 4 段 130 號 2F-1
　　　　　＜電話＞(02)2577-8878
　　　　　＜傳真＞(02)2577-8896
　　　　　＜網址＞ http://www.tohan.com.tw
郵撥帳號　1405049-4
法律顧問　蕭雄淋律師
總經銷　聯合發行股份有限公司
　　　　　＜電話＞(02)2917-8022

裝潢格局基礎課 / 東販編輯部作 .
　-- 初版 . -- 臺北市：
臺灣東販股份有限公司 , 2024.01
160　面；17×23 公分
ISBN 978-626-379-173-2（平裝）

1.CST: 室內設計 2.CST: 空間設計 3.CST: 施工管理

441.52　　　　　　　　　　　　112020398